高职高专"十三五"规划教材

计算机应用基础

（2016 版）

程 雷 主编

张黎豪 黄 瑛 杨 飞 杨 欣 副主编

中国铁道出版社有限公司
CHINA RAILWAY PUBLISHING HOUSE CO., LTD.

内 容 简 介

上海市教育委员会沪教委高[2013]17号文件中提出，充分发挥教学考试的引导作用，完善高校计算机基础教学体系，推进计算机课程的教学改革。本书由一定教学经验的教师参与编写，重点讲述计算机的基础知识、办公软件、多媒体和网页的应用。本书一方面严格依据《上海市高校计算机等级考试（一级）大纲》（2016年修订），强调以考促教；另一方面淡化计算机理论知识的阐述，加强计算机实践技能的训练。同时也充分考虑了高职学生的学习特点和未来就业岗位的需求。

本书是针对上海地区高职类院校的学生编写的，适合各个不同的专业，同时也适合作为企事业单位员工培训和社会人士自学的教材。

图书在版编目（CIP）数据

计算机应用基础：2016版／程雷主编. —北京：中国铁道出版社，2016.9（2020.7重印）
高职高专"十三五"规划教材
ISBN 978-7-113-22338-0

Ⅰ．①计… Ⅱ．①程… Ⅲ．①电子计算机－高等职业教育－教材 Ⅳ．①TP3

中国版本图书馆 CIP 数据核字（2016）第 216318 号

书　　名：计算机应用基础（2016版）
作　　者：程　雷

策　　划：曹莉群　　　　　　　　　　读者热线：（010）51873090
责任编辑：周海燕　冯彩茹
封面设计：刘　颖
封面制作：白　雪
责任校对：王　杰
责任印制：樊启鹏

出版发行：中国铁道出版社有限公司（100054，北京市西城区右安门西街8号）
网　　址：http://www.tdpress.com/51eds/
印　　刷：中国铁道出版社印刷厂
版　　次：2016年9月第1版　　2020年7月第7次印刷
开　　本：787 mm×1 092 mm　1/16　印张：15　字数：365千
书　　号：ISBN 978-7-113-22338-0
定　　价：38.00元

　　随着计算机硬件性能的不断提高、软件技术的不断升级，尤其是数据通信网络的迅猛发展，各项计算机技术的应用能力越来越得到各行各业的重视，并已渗透到人类社会生活的各个领域，极大地影响着人们的学习、工作和生活。

　　为了提高当前高职高专在校学生的计算机应用基础的实践技能，适应当今信息技术的迅猛发展，并结合上海市教育委员会于 2016 年重新修订的《上海市高校计算机等级考试（一级）大纲》，经过多方调研和论证，我们决定在原来 2013 年编写的《计算机应用基础教程》的基础上，根据当前高职高专学生的特点、用人单位的需求，重新组织教研室多位教学一线的老师，充分利用大家的教学实践经验，结合新的考纲和新的发展趋势进行新版教材的编写。

　　本书立足于新大纲，面向高职高专的学生，目的是要让学生不仅了解相关技术的基础理论、实际应用和发展趋势，同时按照"理论够用、突出实用、达到会用"的原则，着力解决当前高职教学中存在的"内容多、学时少、理论多、应用少"等矛盾，坚持以服务为宗旨，以就业为导向，侧重于技能的培养。

　　全书共分 7 章，第 1 章和第 2 章主要讲述信息技术和计算机技术的一些基础知识和发展趋势；第 3 章重点介绍目前主流操作系统 Windows 7 的基本使用；第 4 章介绍如何利用 Microsoft Office 2010 办公软件对文字、电子表格和演示文稿进行处理；第 5 章主要讲述多媒体技术的基本概念，并利用 Adobe Audition 进行音频的处理、利用 Photoshop 进行图像处理和 Flash 进行动画的处理；第 6 章侧重介绍了数据通信、计算机网络和 Internet 的一些基础知识；第 7 章围绕网站的建设和利用 Adobe Dreamweaver 进行简单的网页设计，并在每章的末尾增加了一个知识拓展，旨在拓展学生的知识面，了解相关新技术的发展。

　　本书由程雷任主编，张黎豪、黄瑛、杨飞、杨欣任副主编。具体编写分工如下：第 1 章、第 2 章由程雷编写；第 3 章由程雷和黄瑛编写；第 4 章由程雷、张黎豪、黄瑛编写；第 5 章由程雷、杨飞、杨欣编写；第 6 章由程雷编写；第 7 章由程雷、张黎豪编写。全书由程雷统稿。在整个编写过程中，得到了王申、金艺、李向明、游婷、任晓康等老师的大力支持，以及上海工商职业技术学院领导和相关部门的大力支持，在此一并表示感谢。

　　由于编者水平有限，尤其是对相关学科和行业的了解不是很全面，书中难免存在疏漏和不足之处，欢迎有关专家、同行和读者给予批评指正。

编　者
2016 年 7 月

目 录

第①章

→ 信息技术

在漫长的人类社会发展历程中，经历了游牧时代、农业时代和工业时代，进入到当前的信息时代，信息技术的应用尤为重要。同时科学技术的进步也在不断推动着世界的发展，以计算机技术、网络技术和通信技术为代表的现代信息技术正在以惊人的速度向前推进，并且已深入社会活动的方方面面。

1.1 信息技术概述

1.1.1 信息和数据

1. 信息

信息（Information）是客观事物状态及其运动特征的一种普遍形式，它是对各种事物变化和特征的反映，体现了事物之间的相互作用和联系。

人们通过信息可以了解和认识外部世界、传递和交换信息、组织社会生产，推动社会进步，所以说人类生活离不开信息，就像人离不开空气和水一样。因此，信息和物质、能量一样，是人类社会赖以生存和发展的三大重要资源。

信息一般有四种形态：数据、文本、声音、图像，这些形态之间可以相互转化。例如，照片被传送到计算机，就把图像信息转化成了数字信息。

2. 数据

数据（Data）是信息的载体，它将信息按一定规则排列并用符号表示出来。这些符号可以构成数字、文字、图像等，也可以是计算机代码。

接收数据者必须了解构成数据的各种符号序列的意义和规律，才能根据这些获得所接收数据的实际意思。例如，有一个记录商品销售的数据库，其中某商品当天的销售量是45件。这个45件实际上是个数据，本身是没有意义的，只有当这个数据以某种形式经过处理、描述或与其他数据对比时，数据背后的意义才会出现，才能使数据转变为信息。所以，只有了解了数据的背景意义，才能获得相应的信息。

数据要转化为信息，可以用公式"数据＋背景=信息"表示。

3. 信息技术

信息技术（Information Technology，IT）是主要用于管理和处理信息所采用的各种技术的总称。它主要是人们在信息获取、整理、加工、传递、存储和利用中所采取的各种技术和方法。信息技术主要包括传感技术、计算机技术和通信技术。

信息技术的应用包括计算机硬件和软件、网络和通信技术、应用软件开发工具等。计算机和互联网普及以来，人们日益普遍的使用计算机来生产、处理、交换和传播各种形式的信息（如书籍、商业文件、报刊、唱片、电影、电视节目、语音、图形、影像等）。

信息技术不仅被嵌入在产品中，还嵌入在服务中。例如，金融信息服务、购物信息服务、GPS 信息服务等，信息服务已成为信息化时代人们生活中极其重要的组成部分。

1.1.2　信息技术的发展

人类社会的进步经历了语言的产生、文字的发明、印刷术的发明、电信革命以及计算机技术的发明和利用这五次重大的变革。由此信息技术也随着人类对外部世界的认识和控制能力的提高而逐步发展的，按照信息的载体和通信方式的发展，可以大致分为古代信息技术、近代信息技术和现代信息技术三个不同的发展阶段。

1. 古代信息技术

自有人类活动以来到 1837 年有线电报发明之前，在这漫长的古代信息技术发展阶段中，信息技术基本上是以声、光、文字、图形等方式进行的。在这一期间内，信息技术经历了语言的产生、文字的产生、印刷术的发明三个重大的变革。

人类最初的信息表达和传递主要是通过手势、面部表情、形体动作或简单的噪音进行的，只能在有限范围内近距离传递。随着历史的演变，简单的噪音逐渐发展为语言，经过了长时期的进化，语言变得越来越丰富多彩，人类开始通过语言来表达和传递信息。

为了克服人脑容易遗忘的缺陷，人类创造了各种符号来记录语言，经过长期的演变，这些符号逐渐成为文字，文字的产生使古代信息技术取得了突破性的进展，使得人类可以在大脑之外记录和存储大量信息。

有了文字，需要有记录文字的载体。在纸张发明前，文字的载体先后有石刻、甲骨、青铜器、竹简、木牍、丝绸等。公元 105 年，东汉的蔡伦发明了纸张，使得文字的记录变得既方便又经济。印刷术的发明经历了石刻印刷、雕版印刷和活字印刷的发展过程，活字印刷术是中国四大发明之一。印刷术的发明和使用，结束了人类单纯依靠手写文字的阶段。

纸张和印刷术的结合，不仅把信息的记录、存储、传递和使用范围扩大到更广阔的空间和时间，同时也促使了信息以崭新的（书信）方式进行较远距离的传递。

古代信息技术的特征是以文字记录为主要信息存储手段，以书信传递为主要信息传递方法，不论是信息的采集、传递、传输都是在人工条件下实施的。因此，当时人们的信息活动范围小、效率低、可靠性也较差。

2. 近代信息技术

近代信息技术的发展是以电为主角的信息传输技术的突破为先导的。整个近代信息技术的发展过程就是信息技术第四次重大变革——电信革命的过程。

1837 年，美国科学家莫尔斯成功发明了有线电报和莫尔斯电码，拉开了以信息的电传输技术为主要特征的近代信息技术发展的序幕。

电通信是利用电波做信息载体，将信号传输到远方。携带信息的电波沿着通信线路传输的通信方式称为"有线电通信"；电波借助于空间传播的通信方式称为"无线电通信"。电通信传递信息速度快、距离远、信息量大。电通信的问世，是人类通信发展史上的一大飞跃。

它使信息传输空间空前缩小，传信时效空前提高，整个地球俨然成了一个小小的村落。

在物理学，特别是电子学和电子技术发展的推动下，有线通信、无线通信、卫星通信等新的信息传递方式不断涌现。电报、有线电话、无线电话、传真、广播、电视等新的信息传播工具功能不断改进。

近代信息技术发展阶段的特征是以电为主体的信息传输技术，它大大提高了信息传递的速度和传播的距离，从而使人类的信息活动步入新的阶段。在信息传播技术发展的同时，诸如录音、唱片、照相、摄录像等信息存储方式也在飞速发展。

3. 现代信息技术

电子计算机的出现是进入现代信息技术发展阶段的标志。电子计算机的发明人是阿塔那索夫（J.V.Atanasoff）和研究生贝瑞（C.Berry）于 1941 年发明制造的，名为 ABC（Atanasoff–Berry Computer），是第一台电子计算机，如图 1–1–1 所示。而具有盛名和极大影响的 ENIAC 电子计算机是在 1946 年诞生的，如图 1–1–2 所示。

图 1–1–1　第一台电子计算机 ABC　　　　图 1–1–2　ENIAC 电子计算机

随着社会生活和经济活动的发展，人类的信息活动的强度和范围急剧增大，社会信息量迅速猛增，尤其在 20 世纪 60 年代后，人类社会进入"信息爆炸"时代，而信息技术也进入了一个高速发展阶段。

推动现代信息技术发展的直接动力是计算机的智能化、低廉化和通信设施的大容量、高速化。计算机智能化的发展使其能快速处理大容量的数据，再加上低廉的价格，使它快速地在普通家庭中得以普及。由于诸如 ADSL、光纤、无线电通信、卫星通信等各种通信技术的发展，通信的速度和容量飞速提高，通信成本不断降低，使网络通信快速渗透到人们的日常生活中去。

另外，随着电子学的发展，尤其是半导体技术、微电子技术、集成电路技术、通信技术、传感技术、光纤技术、激光技术、远红外技术、人工智能技术等现代科学技术领域的重大突破，使信息技术真正成为一种适应现代信息社会需要的高科技。

现代信息技术之所以能够处于现代高新技术群体中最核心、最先导的地位，根本原因在于它是一门渗透性、综合性极强的技术，它包括诸如计算机、网络、光纤通信、遥感、遥测等多方面的技术，它的发展也要依靠众多关键技术的支撑。

由此可见，现代信息技术发展阶段的基本特征是：计算机技术、通信技术和网络技术。现代信息技术是产生、存储、转换和加工图像、文字、声音等数字信息的一切现代高新技术的总称。

第1章　信息技术

3

1.1.3　计算机的发展

在漫长的人类文明发展过程中，出现过各种各样的计算工具，从石头到算盘、从计算尺到计算器、从机械加法机到乘法机、从差分机和分析机到手摇计算机和穿孔制表机等，这些计算工具帮助人们进行科学计算，为推动人类文明进步作出了巨大的贡献。但是，真正让人类文明进入一个崭新的时代，要属电子计算机的出现。

直至今日，现代计算机的发展共经历了电子管计算机时代、晶体管计算机时代、集成电路计算机时代、大规模集成电路计算机时代四个阶段，这四个时代的体系结构均延续了"冯·诺依曼"体系结构。

1. 电子管计算机时代（1946—1958 年）

这一时期计算机的主要特点是采用电子管作为基本元器件，体积大、容量小、耗电量大、寿命短、可靠性差。运算速度每秒几千次至几万次。程序设计使用机器语言和汇编语言；主要用于科学和工程计算。典型机种是 ENIAC、UNIVAC 等。

2. 晶体管计算机时代（1959—1964 年）

这一时期的计算机主要采用晶体管为主要逻辑部件，体积小、质量轻、功耗降低；提高了运行速度（每秒运算可达几十万次）和可靠性；用磁芯做主存储器，外存储器采用磁盘等；程序设计采用高级语言，如 FORTRAN、COBOL、ALGOL 等；在软件方面还出现了操作系统。计算机的应用范围进一步扩大，除进行传统的科学和工程计算外，还应用于数据处理等更广泛的领域。

3. 集成电路计算机时代（1965—1970 年）

这一时期的计算机采用集成电路作为基本元器件，体积减小，功耗、价格等进一步降低，而速度及可靠性则有更大的提高；用半导体存储器代替了磁芯存储器；运算速度每秒可达几十万次到几百万次；在软件方面，采用结构化程序设计方法，使软件技术得到了较大的提高，操作系统日臻完善，出现了分时操作系统，允许多用户分享计算机资源；这时计算机设计思想已逐步走向标准化、模块化和系列化，应用范围更加广泛。

4. 大规模集成电路计算机时代（1971 年至今）

这一时期计算机的主要功能器件采用大规模集成电路（LSI），并用集成度更高的半导体芯片作为主存储器，使得计算机的体积更小、功能更强、运算速度更快（可达每秒百万次至亿次）。在系统结构方面，多处理机系统、分布式系统、计算机网络的研究进展迅速；系统软件的发展不仅实现了计算机运行的自动化，而且正在向智能化方向迈进；各种应用软件层出不穷，极大地方便了用户；微处理器的出现使微型机异军突起，独树一帜，计算机进入了一个全新的时代。

目前正在向第五代计算机发展。第五代计算机是把信息采集、存储、处理、通信同人工智能结合在一起的智能计算机系统。它能进行数值计算或处理一般的信息，主要能面向知识处理，具有形式化推理、联想、学习和解释的能力，能够帮助人们进行判断、决策、开拓未知领域和获得新的知识，人-机之间可以直接通过自然语言（声音、文字）或图形图像交换信息。第五代计算机又称新一代计算机。

1.1.4　现代信息技术的内容

现代信息技术是以电子技术（尤其是微电子技术）为基础、以计算机技术为核心、以通信技术为命脉、以信息应用技术为目标的科学技术群。

1. 信息的基础技术

信息基础技术是信息技术的基础，它涵盖了各种新产品、新能源、新设备的开发与制造技术。近年来发展最快、应用最广泛的、影响最大的就是微电子技术和光电子技术。

（1）微电子技术

微电子技术是现代信息技术的直接基础，它的主要成果是大规模集成电路芯片，计算机的核心——CPU就是大规模集成电路的芯片。

在集成电路中，电子元器件和线路做得愈小、愈细，同样大小芯片内包含的元器件的数量就愈多，集成度也就愈高，芯片运行的速度也可以更高。Intel公司前总裁摩尔先生有个著名的摩尔定律：集成电路芯片的集成度（即单片芯片中的电子器件数）每18个月翻一番，而价格保持不变甚至下降。几十年的历史证明了这条定律的正确性。

从本世纪开始，Intel等集成电路制造厂商的产品已经发展成多核的处理器，双核处理器相当于在一个芯片中存在2个CPU在同时工作，四核处理器相当于在一个芯片中存在4个CPU在同时工作。显然，只要它们之间能够协调配合，工作效率就会成倍提高。目前市场上已经有大量四核的CPU芯片，大大提高了计算机协调的整体性能。

（2）光电子技术

光学与电子学的结合构成光电子技术。光电子技术是继微电子技术后的又一项综合性高新技术，它为微电子的进一步发展找到了新的出路。

光电子技术是利用光信号的发送、传递、处理和接收数据，涵盖了新材料、微加工和微机电、器件和系统的集成等各个领域。光电子技术涉及光显示、光存储、光通信、激光等领域，是未来信息产业的核心技术。

平板显示（FPD）技术包括液晶显示（LCD）、等离子体显示（PDP）、真空荧光显示（VFD）和发光二极管显示（LED）等，除在民用领域的广泛应用外，已在虚拟显示、高清晰度显示、语言和图形识别等军用领域应用。

光纤是随着光通信的发展而不断发展的，各种结构和类型的光纤支持着光通信产业的发展。目前，单根光纤传输的信息量已达到万亿位。

激光技术是光电子领域中的一项重要技术。激光技术是一项前沿科学技术发展不可缺少的支柱。作为光电子主导产品的激光器的发展，经历了原理上的四次变革，体积日益变小，功率不断增大，可靠性和功率得到了很大的提高。

2. 信息的主体技术

现代信息技术是有关信息的获取、传输、处理、控制、展示和存储等的技术，它的主体技术主要包括信息获取技术、信息传输技术、信息处理技术、信息控制技术、信息展示技术以及信息存储技术。

（1）信息获取技术

获取信息是利用信息的先决条件。为了克服人体器官的局限和外界条件的限制，人们不断研制和创造各种传感器来间接获取信息。例如，使用显微镜、望远镜、照相机、摄像机、雷达、卫星等来获取小、远、高速运动的物体的信息；用超声波检测仪、X 光透视仪、核磁共振仪等成像技术对人体或物体内部进行信息检测；用遥感遥测仪器替代人体感觉器官获取远距离人体不能感知的信息等。信息获取技术的核心是传感技术。

（2）信息传输技术

信息在空间的传输称为通信。从古代的烽火台、近代的信号弹、灯光、手旗等简易信号通信，到近代的以电传输为特色的电报、电话、电传、电视、广播等通信技术。现代通信技术则是以光纤通信、卫星通信、无线移动通信等高新技术作为通信技术基础的。

通信技术的功能是使信息能在大范围内迅速、准确、有效地传递，以便让众多用户共享，从而发挥其作用。信息技术的每次重大变革，实际上都是以信息传输技术为主要内容的变革。通信技术是现代信息技术的命脉，因此，信息传输技术的核心是通信技术。

（3）信息处理技术

信息处理就是对获取到的信息进行识别、转换、加工，保证信息安全可靠的存储、传输，并能方便地检索、再生、利用，或从中提炼知识、发现规律。

信息处理技术就是应用计算机系统以及数字传输网络，对信息进行识别、转换、整理、加工、再生和利用的专门技术。它能帮助人们更好地存储信息、检索信息、加工信息、再生信息和利用信息。因此，信息处理技术的核心是计算机技术。

（4）信息控制技术

在信息系统中，对信息实施有效控制，是利用信息的重要前提。信息控制技术就是利用信息传递和信息反馈来实现对目标系统进行控制的技术。控制是通过对信息的反馈来实现的。在信息系统中，反馈是用来改变输入以修正输出的。反馈回来的误差或问题可以用来修正输入数据，或者改变某个过程，从而起到控制的作用，以达到预定的目标。

上述所提到的通信技术、计算机技术和控制技术合称为 3C（Communication、Computer、Control）技术，是信息技术的主体。因此，也有人直接把信息技术称为"3C 技术"。

（5）信息展示技术

如何使信息内容及时、有效、生动地展示在需要该信息的对象面前，已经成为信息处理的一个极其重要的分支。其中，文字、声音、图像、图形、音频、视频的处理和展示也就是通常所说的多媒体技术。

展示技术又称再现技术，是目前发展得非常迅速的信息技术分支。2010 年的上海世博会，各个展馆都采用了最先进的声像技术介绍自己展馆的特色内容。例如，使用大量的球幕电影、3D 和 4D 电影，给人以身临其境的感觉，加上各种声响系统往往可以起到震撼的效果。在展示器材方面，有小到手机屏幕，大到整幢大楼的幕墙。

（6）信息存储技术

信息存储技术就是与各种信息存储介质相关的技术。在继承了古、近代信息技术发展阶段的纸张、录音、唱片、照相、摄录等信息存储技术的同时，在需求的牵引下，随着现代磁技术、光电技术、计算机和通信技术的发展，信息技术的存储技术也有了更快速的发展，如光存储、云存储等。

现代信息存储技术主要可分为直接连接存储、移动存储和网络存储三方面。

1.2 信息安全与安全措施

由于计算机、数据通信和网络技术被广泛使用，它在为社会带来巨大利益的同时，也产生了许多社会普遍关注的信息安全问题。信息安全本身包括的范围很大。大到国家军事政治等机密安全，小到如防范商业企业机密泄露、防范青少年对不良信息的浏览、个人信息的泄露等。

1.2.1 信息安全的概念

信息安全是指为数据处理系统而采取的技术的和管理的安全保护，保护计算机硬件、软件、数据不因偶然的或恶意的原因而遭到破坏、更改、泄露。这里面既包含了层面的概念，其中计算机硬件可以看作是物理层面，软件可以看作是运行层面，再就是数据层面；又包含了属性的概念，其中破坏涉及的是可用性，更改涉及的是完整性，泄露涉及的是机密性。

从上述概念中不难发现，信息安全包括了两种含义：一是数据安全，二是计算机设备安全。如果计算机系统中的设备或信息遭受破坏，就会造成重大损失。小则影响个人，一个病毒的发作可以使计算机系统完全瘫痪；大到影响社会，甚至可能引起社会混乱。因此，信息安全已引起全社会的关注和重视，并成为计算机和网络应用的重要课题。

信息安全是一门涉及计算机科学、网络技术、通信技术、密码技术、信息安全技术、应用数学、数论、信息论等多种学科的综合性学科。

1.2.2 信息安全的隐患

1. 计算机犯罪

对于计算机犯罪的定义，理论界众说纷纭。公安部计算机管理监察司给出的定义是：所谓计算机犯罪，就是在信息活动领域中，利用计算机信息系统或计算机信息知识作为手段，或者针对计算机信息系统，对国家、团体或个人造成危害，依据法律规定，应当予以刑罚处罚的行为。

目前计算机犯罪主要通过计算机网络进行，针对单机的并不多见，例如，一些"黑客"通过入侵非法盗用计算机服务、通过线路窃听和拦截非法访问网络资源、利用网络实施金融犯罪等。

2. 计算机病毒

病毒是人为编制的一种寄生性的计算机程序。计算机病毒的危害主要表现为占用系统资源和破坏数据。它具有寄生性、传染性、隐蔽性、潜伏性和破坏性等特点。

计算机病毒的分类方法很多：一种是按照它的破坏和危害性，可分为良性病毒和恶性病毒；另一种是按照它的寄生性，可分为系统型病毒、文件型病毒、混合型病毒和宏病毒。另外随着网络的普及，出现了一种在网络上大肆传播且具有破坏性的特殊程序——蠕虫。

计算机病毒的感染途径多种多样。目前比较多的是通过网络传输，如通过电子邮件的附件、在线购买的软件、盗版光盘等。

3. 误操作

人们在使用信息系统时，总会出现这样那样的误操作。误操作一般都是人为的、无意的。

然而有些误操作可能会造成整个系统的瘫痪、硬件设备的损坏、数据的泄露、丢失等。

4. 计算机设备物理性破坏

计算机设备物理性破坏是指电压过高、雷击、受潮等物理原因造成的计算机损坏和信息丢失。

计算机系统设备和其上保存的数据是相当脆弱的。火灾、水灾、飓风、暴风和地震等自然灾害和人为破坏都能造成计算机设备的物理性破坏。另外，存放在磁性介质上的数据还有可能遭到外部磁场的攻击，或霉变而导致破坏。

1.2.3 信息的安全措施

1. 预防计算机犯罪

可以编制或购买有防护能力的软件，即用软件方法作为防止信息盗窃、破坏以及非法入侵的主要措施。例如，验证技术、访问控制技术、加密技术、防火墙技术、生物安全技术、管理制度和措施等。

2. 计算机病毒的预防、检测和消除

计算机病毒每天都有新的品种出现，而防病毒软件也在不断更新。当前，为预防、检测和消除计算机病毒，一般在计算机上都需要安装防病毒软件，用以防范病毒、定期检测，一旦发现病毒及时清除和恢复。

3. 物理环境方面的防护措施

一方面对物理环境应考虑防火、防水、防震等预防自然灾害和人为破坏方面的措施，同时要事先制定应付突发事件发生的处理措施；另一方面使用不间断电源（UPS），以便在电源突然中断时，能让备用电源立即供电，避免计算机系统因突然掉电而发生故障或丢失数据；第三个方面就是定期进行数据的有效备份，并将数据备份保存在不同的地点。

4. 加强教育和培训

通过教育和培训，一方面加强使用者的法律意识和计算机道德，尤其是网络道德；另一方面可以减少使用者的误操作，提高系统的稳定性和可靠性。

目前，除了技术手段外，我国也已出台了一些法律法规来保障信息安全，例如，我国刑法中有关惩治计算机犯罪的条款（第 285 条至第 287 条）、《中华人民共和国计算机信息安全保护条例》《全国人民代表大会常务委员会关于维护互联网安全的决定》《全国人民代表大会常务委员会关于加强网络信息安全保护的决定》《互联网信息服务管理办法》等法规。

1.3 新一代信息技术

近年来，以移动互联网、社交网络、云计算、大数据、物联网为特征的新一代信息技术架构蓬勃发展。概括地说，新一代信息技术，"新"在网络互连的移动化和泛在化、信息处理的集中化和大数据化、信息服务的智能化和个性化。

新一代信息技术发展的热点不是信息领域各个分支技术的纵向升级，而是信息技术横向渗透融合到制造、金融等其他行业，信息技术研究的主要方向将从产品技术转向服务技术。以信息化和工业化深度融合为主要目标的"互联网+"是新一代信息技术的集中体现。

1.3.1 云计算

1. 云计算的概念

云计算（Cloud Computing）是一种基于互联网的新型计算方式，它通过互联网将庞大的计算处理程序自动分拆成无数个较小的子程序，再交由多部服务器所组成的庞大系统经搜寻、计算分析之后将处理结果回传给用户。

通过这项技术，服务提供者可以在数秒之内，处理数以千万计甚至数以亿计的信息，并将结果回传。它把存储于个人计算机、移动电话和其他设备上的大量信息及处理器资源集中使用，协同工作，在极大规模上以可扩展的信息技术能力向用户提供随需应变的服务。例如，人们比较熟悉的搜索引擎、网络邮箱、网络硬盘、在线杀毒等都是云计算的应用形式。

云计算的基础构架是由通过数据中心传送的可信赖的服务和创建在服务器上的不同层次的虚拟化技术组成的。提供资源的网络被称为"云"。"云"中的资源在使用者看来是可以无限扩展的，并且可以随时获取，按需使用，随时扩展，按使用付费。这种特性经常被称为像使用水、电一样使用 IT 基础设施。

云计算的概念由 Google 在 2006 年提出，目前发展的云计算技术可以认为是并行计算、分布式计算和网格计算的发展，或者说是这些计算机科学概念的商业实现。

2. 云计算的特点

① 超大规模："云"具有相当大的规模，Google 云计算已经拥有 100 多万台服务器，Amazon、IBM、微软、Yahoo 等的"云"均拥有几十万台服务器。企业私有云一般拥有数百上千台服务器。"云"能赋予用户前所未有的计算能力。

② 虚拟化：云计算支持用户在任意位置、使用各种终端获取应用服务。所请求的资源来自"云"，而不是固定的有形的实体。应用在"云"中某处运行，但实际上用户无须了解、也不用担心应用运行的具体位置。只需要一台笔记本式计算机或者一部手机，就可以通过网络服务实现人们需要的一切，甚至包括超级计算这样的任务。

③ 高可靠性："云"使用了数据多副本容错、计算结点同构可互换等措施来保障服务的高可靠性，使用云计算比使用本地计算机可靠。

④ 通用性：云计算不针对特定的应用，在"云"的支撑下可以构造出千变万化的应用，同一个"云"可以同时支撑不同的应用运行。

云计算除了上述的几个特点以外，还有动态可扩展性、按需服务、价格低廉、对用户终端设备要求低等方面的特性。

3. 云计算的典型服务

云计算产业可以分成云设备（IaaS）、云平台（PaaS）、云软件（SaaS）三层，三层之间是相互融合的。

① 基础设施即服务（Infrastructure as a Service，IaaS）：云设备提供基础设施服务，通过互联网提供了数据中心、基础架构硬件和软件资源。可以提供服务器、操作系统、磁盘存储、数据库或信息资源。代表性的企业有 IBM、惠普、亚马逊等公司。

② 平台即服务（Platform as a Service，PaaS）：云平台将开发环境作为服务提供给用户。用户可以在供应商的基础架构上创建自己的应用软件来运行，然后通过网络直接从供应商的服务器上传递给其他用户。代表性的企业有 Google、Yahoo、Microsoft、Apple 等。

③ 软件即服务（Software as a Service，SaaS）：云软件是一种通过 Internet 提供软件应用的模式，用户无须购买软件，而是向提供商租用基于 Web 的软件，来管理企业经营活动。如 Google 的 Doc、Microsoft 的在线 Office 2010、瑞星的云安全等。

云计算为互联网的应用发展提供了几乎无限多的发展可能，因此受到全球从政府、企业到个人的普遍重视。

1.3.2 物联网

"物联网概念"是在"互联网概念"的基础上，将其用户端延伸和扩展到任何物品与物品之间，进行信息交换和通信的一种网络概念。

1. 物联网的概念

物联网（The Internet of Things）的核心和基础仍然是互联网，是在互联网基础上的延伸和扩展的网络，其用户端延伸和扩展到了任何物品与物品之间，进行信息交换和通信。因此，物联网的定义是通过射频识别（RFID）、红外感应器、全球定位系统、激光扫描器等信息传感设备，按约定的协议，把任何物品与互联网相连接，进行信息交换和通信，以实现对物品的智能化识别、定位、跟踪、监控和管理的一种网络。

总而言之，物联网也可以简单地认为是将各种物体连接起来的网络。

物联网具有三个主要的特征：一是互联网特征，即物体接入能够实现互连互通的互联网络；二是识别与通信特征，即物体具有自动识别与物物通信的功能；三是智能化特征，即物联网具有自动化、自我反馈与智能控制的特点。它的关键技术包括 RFID、传感器、无线网络、智能芯片和云计算等。

物联网的发展几乎涉及信息技术的方方面面，是现代信息技术发展到一定阶段后出现的一种集成性应用与技术提升，它将各种感知技术、网络技术、控制技术、自动化技术、人工智能等集成应用，使人与物、物与物智慧对话，创造一个智慧的世界。物联网涉及的学科包括计算机科学技术、电子科学技术、通信工程、自动控制和软件工程等。

2. 物联网的应用

物联网用途非常广泛，遍及智能交通、环境保护、政府工作、公共安全、平安家居、智能消防、工业监测、环境监测、老人护理、个人健康、花卉栽培、水系监测、食品溯源、敌情侦查和情报搜集等多个领域，将对经济、社会、生活产生极为深远的影响，如图 1-3-1 所示。

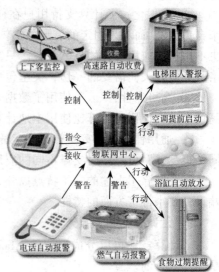

图 1-3-1 物联网应用示意图

车联网作为物联网的一个分支，早已超出传统汽车产业的范畴，它不仅将打通芯片、设备、车厂、应用、服务运营等多个环节，更将覆盖整车售前、售中、售后的完整生命周期，甚至颠覆汽车产业的现有商业模式。对于厂商来说，车用户作为物联网产业中最具价值的"高地"，必须进一步提升在这一人群中的话语权、实现价值入口的占领，才有机会赢得更多竞争资本。

物联网被认为是继计算机、互联网之后世界信息产业发展的第三次浪潮，代表着信息通信技术的发展方向。

1.3.3 大数据

随着互联网、移动互联网、云计算、物联网等技术的发展，随着电子商务、社交网络、微博、自媒体、基于位置的服务（LBS）等新兴服务的广泛应用，人类社会的数据种类和数据规模正以前所未有的速度增长和积累，由此人类社会进入了大数据时代。

1. 大数据的概念

大数据（Big Data，BD）本身是一个比较抽象的概念，单从字面来看，它表示数据规模的庞大。但是这个庞大无法看出大数据这一概念和以往的"海量数据""超大规模数据"等概念之间的区别。目前对于大数据尚未有一个公认的定义，某网站把大数据定义为"利用常用软件工具手机、管理和处理数据所耗时间超过可容忍时间的数据集"。

大数据技术是指从各种各样类型的数据中，快速获得有价值信息的能力。适用于大数据的技术，包括大规模并行处理（MPP）数据库、数据挖掘电网、分布式文件系统、分布式数据库、云计算平台、互联网、和可扩展的存储系统。

2. 大数据的四大特征

① 数据量大（Volume）：伴随着各种随身设备、物联网和云计算、云存储等技术的发展，人和物的所有轨迹都可以被记录，数据因此被大量生产出来。企业面临着数据量的大规模增长。

② 数据种类多（Variety）：在大数据时代，数据格式变得越来越多样，涵盖了文本、音频、图片、视频、模拟信号等不同的类型；数据来源也越来越多样，不仅产生于组织内部运作的各个环节，也来自于组织外部。

③ 快速化（Velocity）：在数据处理速度方面，有一个著名的"1 秒定律"，即要在秒级时间范围内从各种类型的数据中快速获得高价值的信息，超出这个时间，数据就失去了价值。它的"快速"有两个层面，即数据产生得快、数据处理得快。

④ 价值高（Value）：数据的重要性对未来趋势与模式的可预测分析，对决策的支持，数据的规模并不能决定其能否为决策提供帮助，数据的真实性和价值才是获得真知和思路最重要的因素，是制定成功决策最坚实的基础。

3. 大数据与传统数据库的区别

从数据库（Database，DB）到大数据，看似只是一个简单的技术演进，但细细考究不难发现两者有着本质上的差别。人们把两者类比为"池塘捕鱼"和"大海捕鱼"，"池塘捕鱼"代表着传统数据库时代的数据管理方式，而"大海捕鱼"则对应着大数据时代的数据管理方式，"鱼"是待处理的数据。"捕鱼"环境条件的变化导致了"捕鱼"方式的根本性差异。这些差异主要体现在如下几个方面：

① 数据规模："池塘"和"大海"最容易发现的区别就是规模。"池塘"规模相对较小，即便是先前认为比较大的"池塘"。"池塘"的处理对象通常以 MB 为基本单位，而"大海"则常常以 GB，甚至是 TB、PB、EB 为基本处理单位。

② 数据类型：过去的"池塘"中，数据的种类单一，往往仅仅有一种或少数几种，这些数据又以结构化数据为主。而在"大海"中，数据的种类繁多，数以千计，而这些数据又

包含着结构化、半结构化以及非结构化的数据。

③ 模式和数据的关系：传统的数据库都是先有模式，然后才会产生数据。这就好比是先选好合适的"池塘"，然后投放适合在该"池塘"环境生长的"鱼"。而大数据时代很多情况下难以预先确定模式，模式只有在数据出现之后才能确定，且模式随着数据量的增长处于不断的演变之中。这就好比先有少量的鱼类，随着时间推移，鱼的种类和数量都在不断地增长。鱼的变化会使大海的成分和环境处于不断的变化之中。

④ 处理对象：在"池塘"中捕鱼，"鱼"仅仅是其捕捞对象。而在"大海"中，"鱼"除了是捕捞对象之外，还可以通过某些"鱼"的存在来判断其他种类的"鱼"是否存在。也就是说传统数据库中数据仅作为处理对象。而在大数据时代，要将数据作为一种资源来辅助解决其他诸多领域的问题。

⑤ 处理工具：捕捞"池塘"中的"鱼"，一种渔网或少数几种工具基本可以应对，也就是所谓的 One Size Fits All。但是在"大海"中，不可能存在一种渔网能够捕获所有的鱼类，也就是说 No Size Fits All。

1.3.4 移动互联网

随着宽带无线接入技术和移动终端技术的飞速发展，人们迫切希望能够随时随地乃至在移动过程中都能方便地从互联网获取信息和服务，移动互联网应运而生并迅猛发展。

1. 移动互联网的概念

移动互联网（Mobile Internet，MI）从网络角度来看，是指以宽带 IP 为技术核心，可同时提供语音、数据、多媒体等业务服务的开放式网络；从应用角度来看，是指使用智能移动终端，通过移动无线通信方式访问互联网并使用互联网业务和服务的新兴业务。

移动互联网是一种通过智能移动终端，采用移动无线通信方式获取业务和服务的新兴业务，在技术上包含终端、网络和应用三个层面。

终端层包括智能手机、平板电脑、电子书、智能穿戴等终端设备，还包括 Android、iOS、Windows 等终端操作系统；网络层主要包括接入技术，如 2.5G、3G、4G、WLAN、WiMAX（无线城域网）等，还包括移动 IPv6（MIPv6）协议、NFC（近场通信，移动支付的支撑技术）、LTE（长期演进，4G 通信技术标准之一）等；应用层最为丰富，各类涉及方方面面的 App 层出不穷。

2. 移动互联网的特点

移动互联网可以随时、随地、随心地享受互联网业务带来的便捷，还有更丰富的业务、各类个性化的服务和更高服务质量的保证，其特点概括起来主要包括以下几个方面：

① 终端移动性：移动互联网应用使得用户可以在移动状态下接入和使用互联网服务，移动的终端便于用户随身携带和随时使用。

② 终端和网络的局限性：移动互联网应用在便携的同时，也受到了来自网络能力和终端能力的限制：在网络能力方面，受到无线网络传输环境、技术能力等因素限制；在终端能力方面，受到终端大小、处理能力、电池容量等的限制。

③ 应用与终端、网络的强关联性：由于移动互联网应用受到了网络及终端能力的限制，因此，其应用内容和形式也需要适合特定的网络技术规格和终端类型。

④ 应用私密性：在使用移动互联网时，所使用的内容和服务更私密，如手机支付业务等。

3. 移动互联网的应用

早期的移动互联网应用，大多是把固定互联网的业务向移动终端移植，实现移动互联网与固定互联网相似的业务体验。而现在移动互联网的应用，是结合移动通信与互联网功能而进行的有别于固定互联网的业务创新，这是移动互联网应用的发展方向。

移动互联网的应用和服务包括新闻、自媒体、音频视频、搜索、金融、财经、电子商务、即时通信、游戏、休闲娱乐、生活等各个方面。其业务创新的关键是如何将移动通信的网络能力与互联网的网络与应用能力进行融合，从而创新出适合移动互联网的新型业务（见图 1-3-2）。

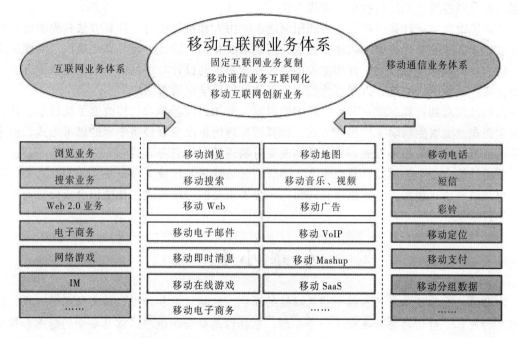

图 1-3-2 移动互联网服务

移动互联网的发展体现了融合，首先它是移动通信与传统互联网的融合，同时也是多种无线通信技术的融合，其次它是移动终端设备各种功能的融合，另外也是数据和应用的融合。移动互联网已经融入社会生活的各个方面，影响和改变了人们的生活方式。

知识拓展：计算思维

计算思维就是相关学者在审视计算机科学所蕴含的思想和方法时被挖掘出来的，成为与理论思维、实验思维并肩的三种科学思维之一。计算思维是计算时代的产物，应当成为这个时代中每个人都具备的一种基本能力。

2006 年 3 月，美国卡内基·梅隆大学计算机科学系主任周以真（Jeannette M. Wing）教授在美国计算机权威期刊《Communications of the ACM》杂志上给出并定义了计算思维（Computational Thinking）。她认为：计算思维是运用计算机科学的基础概念进行问题求解、系统设计以及人类行为理解等涵盖计算机科学之广度的一系列思维活动。

第 1 章　信息技术

为了让人们更易于理解，周教授又将它更进一步地定义为：通过约简、嵌入、转化和仿真等方法，把一个看来困难的问题重新阐释成一个我们知道问题怎样解决的方法；是一种递归思维，是一种并行处理，是一种把代码译成数据又能把数据译成代码，是一种多维分析推广的类型检查方法；是一种采用抽象和分解来控制庞杂的任务或进行巨大复杂系统设计的方法，是基于关注分离的方法；是一种选择合适的方式去陈述一个问题，或对一个问题的相关方面建模使其易于处理的思维方法；是按照预防、保护及通过冗余、容错、纠错的方式，并从最坏情况进行系统恢复的一种思维方法；是利用启发式推理寻求解答，也即在不确定情况下的规划、学习和调度的思维方法；是利用海量数据来加快计算，在时间和空间之间，在处理能力和存储容量之间进行折中的思维方法。

计算思维建立在计算过程的能力和限制之上，由人和机器执行。计算方法和模型使人们敢于去处理那些原本无法由个人独立完成的问题求解和系统设计。计算思维吸取了问题解决所采用的一般数学思维方法，现实世界中巨大复杂系统的设计与评估的一般工程思维方法，以及复杂性、智能、心理、人类行为的理解等的一般科学思维方法。

人们已经看到计算思维在其他学科中的影响。例如，机器学习已经改变了统计学，计算生物学正在改变着生物学家的思考方式，计算博弈理论正改变着经济学家的思考方式，纳米计算改变着化学家的思考方式，量子计算改变着物理学家的思考方式。

普适计算之于今天就如计算思维之于明天。普适计算是已成为今日现实的昨日之梦，而计算思维就是明日现实。计算思维将成为每一个人重要的思维模式和技能组合成分，而不仅仅限于科学家。

本 章 小 结

本章主要介绍了信息技术的一些基础性的知识，包括信息和数据、信息技术的发展、现代信息的内容；对信息安全也做了一个介绍，包括信息安全的概念、信息安全的隐患和信息的安全措施；对目前面临的新一代信息技术也做了一定的介绍，包括云计算、物联网、大数据和移动互联网。

本章的目的是通过对信息技术基础知识的介绍，一方面让学生了解信息技术的发展历程和趋势，同时也为后续各个相关软件的应用打下一个基础。

另外，提供了计算思维的知识拓展，以其使学生能逐渐重视和培养计算思维能力，以适应时代的发展和新的思维模式的应用。

本 章 习 题

一、单选题

1. 信息技术的发展经历了语言的利用、文字的发明、印刷术的发明、_____和计算机技术的发明等五次重大变革。

　　A. 烽火台　　　　　　　　　　　B. 电信革命

  C. 传感技术的发明   D. 遥感技术的发明

2. 美国科学家莫尔斯成功发明了有线电报和电码，拉开了_____信息技术发展的序幕。

  A. 古代   B. 第五次   C. 近代   D. 现代

3. 计算机的发展经历了电子管时代、_____、集成电路时代和大规模集成电路时代。

  A. 网络时代   B. 晶体管时代   C. 数据处理时代   D. 过程控制时代

4. 信息资源的开发和利用已经成为独立的产业，即_____。

  A. 第二产业   B. 第三产业   C. 信息产业   D. 房地产业

5. 信息技术是在信息处理中所采取的技术和方法，也可看作是_____的一种技术。

  A. 信息存储功能   B. 扩展人感觉和记忆功能

  C. 信息采集功能   D. 信息传递功能

6. 现代信息技术中，所谓3C技术是指_____。

  A. 新材料和新能源

  B. 电子技术、微电子技术、激光技术

  C. 计算机技术、通信技术、控制技术

  D. 信息技术在人类生产和生活中的各种具体应用

7. 现代信息技术的内容主要包括_____、信息传输技术、信息处理技术、信息控制技术、信息展示技术和信息存储技术。

  A. 信息获取技术   B. 信息分类技术   C. 信息转换技术   D. 信息增值技术

8. 信息安全的定义包括数据安全和_____。

  A. 人员安全   B. 计算机设备安全   C. 网络安全   D. 通信安全

9. 信息安全的四大隐患是：计算机犯罪、_____、误操作和计算机设备的物理性破坏。

  A. 自然灾害   B. 网络盗窃   C. 计算机病毒   D. 软件盗版

10. 计算机病毒是_____。

  A. 一段计算机程序或一段代码   B. 细菌

  C. 害虫   D. 计算机炸弹

11. 计算机病毒主要是造成_____的破坏或丢失。

  A. 磁盘   B. 主机   C. 光盘驱动器   D. 程序和数据

12. "蠕虫"病毒往往是通过_____侵入计算机系统。

  A. 网关   B. 系统   C. 网络   D. 防火墙

13. 在如下四种病毒中，计算机启动操作系统就可能起破坏作用的是_____。

  A. 良性病毒   B. 文件型病毒

  C. 宏病毒   D. 系统引导型病毒

14. 计算机病毒的防治要从_____、监测和清除三方面来进行。

  A. 预防   B. 识别   C. 控制   D. 验证

15. 在现实中，可行的网络安全技术手段不包括_____。

  A. 及时升级杀毒软件   B. 使用数据加密技术

  C. 安装防火墙   D. 使用没有任何漏洞的系统软件

16. 预防计算机犯罪，包括验证技术、访问控制技术、加密技术、_____、生物安全技术、管理制度和措施、相关法律法规。

    A. 防火墙技术   B. 监测技术   C. 备份技术   D. 网络道德

17. 通过互联网将计算处理程序自动拆分成很多较小的子程序，分别交由众多服务器中的动态资源进行处理，再把结果返回给用户的方式称为_____。

    A. 网络爬虫   B. 云计算   C. 黑客程序   D. 三网合一

18. 从技术架构来看，物联网可分为三层：_____、网络层和应用层。

    A. 感知层   B. 表示层   C. 传输层   D. 控制层

19. 大数据的四大特征（4V）是数据量大、数据种类多、数据产生速度快、_____。

    A. 数据面广   B. 数据分散

    C. 数据价值高   D. 数据管理难度大

20. 随着智能手机和3G、4G移动通信网络的发展，互联网也在向着_____方向发展。

    A. 移动购物网   B. 移动互联网   C. 移动社交网   D. 广域网

二、填空题

1. 物质、能源和_____是人类社会赖以生存、发展的三大重要资源。

2. 从数据管理和通信的角度出发，_____又可以被看作是信息的载体。

3. 信息可以由一种形态_____成另一种形态，这是信息的特征之一。

4. 20世纪40年代数字电子计算机的诞生，拉开了第_____次信息革命和现代信息技术发展的序幕。

5. 现代信息技术是以电子技术为基础、_____技术为核心、通信技术为支柱、信息应用技术为目标的科学技术群。

6. 信息处理技术就是对获取的信息进行识别、_____、加工，保证信息安全、可靠地存储。

7. 网络道德是指使用计算机时除_____之外应当遵守的一些标准和规则。

8. 计算机道德大致包括遵守使用规范、履行保密义务、_____、禁止恶意攻击等几个方面。

9. 云计算的典型服务包括基础设施即服务、平台即服务、_____。

10. 通过传感器等设备，把物品与互联网联接起来，实现智能化识别、定位、跟踪、监控和管理的网络称为_____网。

第 ② 章

→计算机技术

自第一台计算机诞生至今，已有 70 多年的历史。随着计算机技术的飞速发展，计算机的应用已经成为人们生活中必不可少的组成部分。多年前我们还在思考计算机可以应用到哪些领域，而现在思考的是还有哪些领域不用计算机？

2.1 计算机组成和工作原理

美籍匈牙利科学家冯·诺依曼于 1945 年发表了《关于 EDVAC 的报告》，给出了"程序存储通用计算机（EDVAC）"的设计方案，在 1946 年又提出了《关于电子计算机逻辑设计的初步讨论》的设计报告，提出了计算机设计思想，如二进制、程序存储、程序控制、五大组成部件等。目前，大部分计算机的设计思想还是基于这些设计思想，因此我们常常把这样的计算机称为"冯·诺依曼计算机"。

2.1.1 基本组成

计算机由控制器、运算器、存储器、输入设备、输出设备五大部分组成（见图 2-1-1），集成电路出现以后，就把运算器和控制器制作在同一个芯片中，称为"中央处理器（CPU）"。

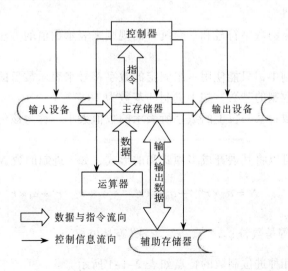

图 2-1-1　计算机的基本结构

运算器：又称算术逻辑单元（ALU），是计算机对信息数据处理和运算的部件，它的主要功能是进行算术运算和逻辑运算。

控制器：是计算机的指挥中心，负责从存储器中取出指令，并对指令进行译码，根据指令要求，按时间的先后顺序向其他各部件发出控制信息，保证各部件协调一致地工作。

存储器：是计算机记忆或暂存数据的部件，用来保存数据、指令和运算结果等，一般分为内存储器和外存储器。

输入设备：将数字、字符、图像、声音、视频等信息转换为计算机能识别的二进制代码输入计算机，供计算机处理的设备。

输出设备：将计算机处理后的各种内部格式的信息转换为人们能识别的形式进行输出的设备。

早期的计算机是以控制器和运算器为中心，但这使得快速的运算器不得不等待低速的输入/输出设备，即快速的中央处理器等待慢速的外围设备；同时由于所有部件的操作由控制器集中控制，使控制器的负担过重，从而严重影响了机器的运行速度，制约了设备利用率。因此，设计者将计算机改成以主存储器为中心，让系统的输入/输出与 CPU 的运算并行，多种输入和输出并行。

2.1.2 二进制编码

计算机运行时，CPU 要处理各种数值，存储器要存储各种数值。由于计算机内部的电子电路难以直接表示"0"到"9"这 10 种不同的数字，却能很自然很准确地表示两种不同的数字，所以，采取二进制的方法在计算机中表示各类数据。

计算机内部采用的是二进制编码。任何信息在计算机内都采用"0"和"1"的各种组合来表示。也就是说在存储器中，指令和数据均以二进制代码出现，运算时也采用二进制运算。采用二进制的原因，一是二值器件物理上容易实现；二是在人类思维中，"是"和"否"两种状态的判断最为简单和稳定。

（1）数制的基本概念

数制：用一组固定的数字符号和一套统一的规则来表示数值的方法。这种数字符号称为数符。

基数：在一种数制中，只能使用一组固定的数字符号来表示数目的大小，具体所使用符号的数目，就称为该数制的基数，如十进制的基数为 10。

位权：对于多位数，某一位上的数字所表示的数值大小，称为该位的位权，如十进制数千位的位权为 10^3。

任何一个整数，可以将其展开成多项式和的形式，如 r 进制的数 N 表示如下：

$$N = a_n \times r^{n-1} + a_{n-1} \times r^{n-2} + \cdots + a_2 \times r^1 + a_1 \times r^0$$

式中，a_n、a_{n-1}、a_1 等是数符；r^{n-1}、r^{n-2}、r^0 等是位权。

计算机中常用的几种进位制数的特点如表 2-1-1 所示。

表 2-1-1　常 用 进 制

特　　点	十 进 制	二 进 制	十 六 进 制
规则	逢十进一	逢二进一	逢十六进一
基数	10	2	16
数符	0,1,…,9	0,1	0,1,…,9,A,B,…,F
位权	10^i	2^i	16^i
表示	D	B	H

（2）数制的转换

平常在书写和叙述有关计算机的技术数据，甚至在编写程序代码时，比较多的是采用十进制数来表示，但任何数据在计算机内都是采用二进制来表示。例如，一个十进制的 4 位数 9999，谈论它在计算机内部的形式时要用 14 位：10011100001111。在阅读和书写二进制数时，容易出现错、漏等现象，因此在某些场合比较多地采用十六进制的形式来表示一个二进制数，因为二进制和十六进制间的相互转换十分简单直观，人们也常常把十六进制看作是二进制的紧凑形式（这里只是想让读者了解数制间的基本转换，均以整数为例）。

① 十进制数转换成其他进制数——采用"除以基数逆序取余"法。

例如，将十进制数 37 转换成二进制数，结果是 100101B 或 $(100101)_2$。

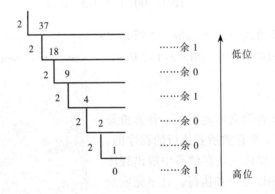

例如，将十进制数 1014 转换成十六进制数，结果是 3F6H 或 $(3F6)_{16}$。

② 其他进制数转换成十进制数——采用"按权展开累加"法。

例如，将二进制数 1110101B 转换成十进制数，结果是 117D 或 $(117)_{10}$

$$1110101B = 1 \times 2^6 + 1 \times 2^5 + 1 \times 2^4 + 0 \times 2^3 + 1 \times 2^2 + 0 \times 2^1 + 1 \times 2^0$$
$$= 64 + 32 + 16 + 0 + 4 + 0 + 1$$
$$= 117$$

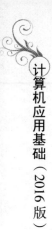

例如，将十六进制数 57CAH 转换成十进制数，结果是 22474D 或 $(22474)_{10}$

$57CAH = 5 \times 16^3 + 7 \times 16^2 + 12 \times 16^1 + 10 \times 16^0$

$= 5 \times 4096 + 7 \times 256 + 12 \times 16 + 10 \times 1$

$= 22474$

③ 二进制数和十六进制数间的互换——采用"8421"法。

因为 $2^3=8$、$2^2=4$、$2^1=2$、$2^0=1$，二进制数 1111B=15，而十六进制数 FH=15，因此 4 位二进制数正好对应 1 位十六进制数。

例如，将二进制数 11010011101B 转换成十六进制数，结果是 69DH 或 $(69D)_{16}$

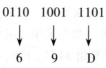

例如，将十六进制数 A2C7H 转换成二进制数，结果是 1010001011000111B 或 $(1010001011000111)_2$

A   2   C   7

↓   ↓   ↓   ↓

1010 0010 1100 0111

上述的数制转换也可以采用 Windows 7 操作系统自带的"计算器"程序来实现，如图 2-1-2 所示。

2.1.3 存储程序

冯·诺依曼提出了存储程序的思想：计算机是利用"存储器"（内存）来存放所要执行的程序的，而称为 CPU 的部件可以依次从存储器中取出程序中的每一条指令，并加以分析和执行，直至完成全部指令任务为止。同时设计者们根据冯·诺依曼的思想将计算机以控制器和运算器为中心改成以主存储器为中心，让系统的输入/输出与 CPU 的运算并行，多种输入和输出并行。"存储程序"的思想是近

图 2-1-2 用"计算器"进行数制间的转换

代电子计算机能够自动地进行计算的根本保证，同时计算机性能的好坏也和存储器能储存的信息量是密切相关的。

存储器中有许多存放指令或数据的存储单元。每一个存储单元都有一个地址的编号，地址编号按由小到大的顺序增加。对该存储单元取出或存入的二进制信息称为该地址的内容。可以按地址去寻找、访问存储单元中的内容。所要处理的数据以及进行处理所用的命令都是预先存放在存储器中，由计算机自动执行。

存储器按其存取信息的方式可分为两类：随机存取存储器和顺序存取存储器。

随机存取存储器的地址按线性排列，CPU 对它的每一个单元都是按照地址用同样的方法在极短的时间内找到该存储单元的位置，对内容进行读取或把内容写入，因此随机存取存储

器中对所有存储单元的存取时间都是一样快，保证了计算机的高速运行。

顺序存取存储器的存储单元只能按顺序存取，对各个单元的存取时间不同，总体速度比较慢，例如磁带存储器，对磁带中间位置存储单元的访问，必须是磁头达到该单元时才可进行。

存储器中最重要的是内存储器，也称"主存储器"，它的基本单位是字节（B,byte）。1 字节由 8 位二进制数组成，比字节大的单位依次是 KB、MB、GB、TB 等。目前个人计算机的主存的容量可达到千兆字节。主存一般由随机存取存储器组成。

2.1.4　指令系统

当今使用的计算机都是基于冯·诺依曼提出的"存储程序控制"的原理进行工作的，即每个问题的解算步骤（程序）连同它所处理的数据都使用二进制表示，并预先存放在存储器中。由于计算机只认识"机器语言"，所有通过输入设备输入的指令都首先由计算机"翻译"成计算机能够识别的机器指令，再根据指令的顺序逐条执行。

计算机能够识别并执行某种基本操作的命令称为指令。一条指令通常分成操作码和地址码两部分，操作码指明计算机执行何种操作，如加法、取数操作。地址码指明参与运算的数据在内存或 I/O 设备的位置。计算机系统中所有指令的集合称为该计算机的指令系统。

指令的执行过程一般分为以下几个步骤：

① 取指令：将要执行的指令从内存中取出送到 CPU。

② 分析指令：由译码器对指令的操作码进行译码，并转换成相应的控制信号，由地址码确定操作数的地址。

③ 执行指令：根据操作码和操作数完成相应的操作。

④ 保存操作结果：将计算所得的结果存到目的地，供后面的指令使用。

一条指令执行完成后，程序计数器加 1 或将转移地址码送入程序计数器，然后又开始取指令、分析指令、执行指令，一直到所有的指令执行完成。

计算机工作时，CPU 从内存中一条一条地取出指令和相应数据，按指令的规定，对数据进行算术处理。图 2-1-3 所示为程序在计算机中的执行过程。

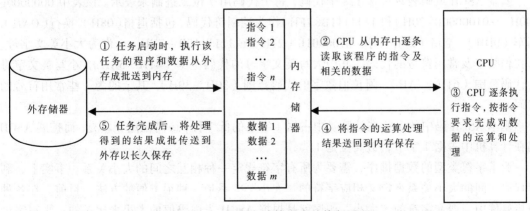

图 2-1-3　程序在计算机中的执行过程

2.2 数据在计算机内的表示

数据是指能够输入计算机并能被计算机处理的数字、字符、图像、声音和视频等的集合，在计算机内部，任何程序和数据都采用二进制编码来存放的。换言之说，在存储器中的二进制数，不仅可以表示数值，也可以用来表示其他各种信息，一般称为计算机内的数据。

2.2.1 数据的存储单位

在计算机内部，数据是以二进制形式存储和运算的，数据的存储单位有位、字节和字。

1. 位

1个二进制位称为1位，位（bit）是数据的最小单位，用0和1表示1位二进制信息。

2. 字节

8个二进制位称为1字节，1 byte=8 bit，字节（B）是数据存储最常用的单位。1个西文字符的编码通常用1字节来存储，1汉字的编码通常用两个字节来存储。

人们将2^{10}字节即1 024字节称为千字节（记为1 KB）；2^{20}字节称为兆字节（记为1 MB）；2^{30}字节称为吉字节（记为1 GB）；2^{40}字节称为太字节（记为1 TB）。

3. 字

字（word）是计算机最方便、最有效地进行操作的数据或信息长度，1个字由若干字节组成。字又称为机器字，将组成一个字的二进制位数称为该字的字长，字长越长，机器的运算速度就越快，处理能力就越强。字长是计算机硬件的一项重要技术指标，微机字长一般有32位和64位。

2.2.2 西文字符在计算机中的存储

在计算机系统中，目前西文字符主要采用ASCII码，它是美国标准信息交换码，已被国际标准化组织（ISO）定为国际标准。ASCII码有7位基本ASCII码（详见表2-2-1）和8位扩展ASCII码两种。

基本ASCII编码表只包含128个代码，每个代码用7位二进制来表示。该表中0000000B（00H）～0100000B（20H）和1111111B（7FH）作为控制符代码，包括退格（08H）、换行（0AH）、回车（0DH）、空格（20H）等；0100001B（21H）～1111110B（7EH）～作为大小英文字母、阿拉伯数字及常用符号的代码，其中大写英文字母的代码范围（41H～5AH），小写英文字母的代码范围（61H～7AH），阿拉伯数字的代码范围（30H～39H），其余的为一些常用符号的代码。

基本ASCII码中的字符在计算机中占据1字节的低7位，最高位用0填充。而扩展ASCII码在计算机中占据1字节，最高位是1。

为了字符类型的数据排序，需要为所有字符规定一种相互之间的大小关系。事实上，利用代码之间的大小关系来定义相应字符的"大小"关系是一种很方便的方法。目前，在各种微机软件中，西文字符的"大小"顺序就是根据ASCII表内码值的大小来比较的：小写字母大于大写字母，英文字母大于数字字符，绝大多数控制符比英文和数字字符要小。

表 2-2-1　基本 ASCII 编码表

ASCII 码	西文字符	ASCII 码	西文字符	ASCII 码	西文字符	ASCII 码	西文字符
00H	NUL	20H	SPACE	40H	@	60H	`
01H	SOH	21H	!	41H	A	61H	a
02H	STX	22H	"	42H	B	62H	b
03H	ETX	23H	#	43H	C	63H	c
04H	EOT	24H	$	44H	D	64H	d
05H	ENQ	25H	%	45H	E	65H	e
06H	ACK	26H	&	46H	F	66H	f
07H	BEL	27H	'	47H	G	67H	g
08H	BS	28H	(	48H	H	68H	h
09H	HT	29H	)	49H	I	69H	i
0AH	LF	2AH	*	4AH	J	6AH	j
0BH	VT	2BH	+	4BH	K	6BH	k
0CH	FF	2CH	,	4CH	L	6CH	l
0DH	CR	2DH	–	4DH	M	6DH	m
0EH	SO	2EH	.	4EH	N	6EH	n
0FH	SI	2FH	/	4FH	O	6FH	o
10H	DLE	30H	0	50H	P	70H	p
11H	DC1	31H	1	51H	Q	71H	q
12H	DC2	32H	2	52H	R	72H	r
13H	DC3	33H	3	53H	S	73H	s
14H	DC4	34H	4	54H	T	74H	t
15H	NAK	35H	5	55H	U	75H	u
16H	SYN	36H	6	56H	V	76H	v
17H	ETB	37H	7	57H	W	77H	w
18H	CAN	38H	8	58H	X	78H	x
19H	EM	39H	9	59H	Y	79H	y
1AH	SUB	3AH	:	5AH	Z	7AH	z
1BH	ESC	3BH	;	5BH	[	7BH	{
1CH	FS	3CH	<	5CH	\	7CH		
1DH	GS	3DH	=	5DH	]	7DH	}
1EH	RS	3EH	>	5EH	^	7EH	~
1FH	US	3FH	?	5FH	_	7FH	DEL

2.2.3　汉字在计算机中的存储

计算机对汉字的处理要比西文字符复杂，主要原因是汉字数量多、字形复杂、字音多变等。因此，汉字的编码也要复杂得多。

1. 国标码

1980年，我国根据有关的国际标准，在ASCII码的基础上，以国家标准（GB 2312—1980）形式，为6 763个常用汉字和682个其他符号规定了2字节的代码。该代码用两个7位二进制数来表示，例如"巧"字的2字节代码是00111001B（39H）、01000001B（41H）。GB 2312是我国国内使用最为广泛的汉字编码标准。2005年我国又正式发布并实施了新的国家标准GB 18030-2005，这个标准为27 484个汉字和符号规定了统一的2字节或4字节的代码。

2. 机内码

汉字的机内码是供计算机内部进行汉字存储、处理和传输而统一使用的代码。由于国标码GB 2312—1980所采用的2字节代码，其每个字节的最高位是0，在计算机内部容易与ASCII码产生混淆。因此在计算机内部表示汉字时，把每个字节的最高位固定为1，后7位的编码仍以GB 2312—1980方案为基础，相当于把原有2字节的国标码各加上80H，形成汉字机内码。例如"巧"字的机内码是10111001B（B9H）、11000001B（C1H）。

3. 输入码

为将汉字输入到计算机而设计的编码称为汉字输入码，目前人们主要利用西文键盘来输入汉字，因此，输入码是由键盘上的字母、数字或符号所组成的，同一个汉字采用的输入方法不同，其输入码也不同。

4. 输出码

汉字在屏幕上显示或在打印机上打印而用的编码称为输出码，又称汉字的字形码。每个汉字的字形都预先存放在计算机内，汉字字形主要有点阵和矢量两种表示方法。其中点阵字形是用一个排列成方阵的点的黑白来描述汉字，为了在计算机内部能存储这些信息，规定白色的点用"0"表示，黑色的点用"1"表示，如图2-2-1所示。这样，一个汉字的字形就可用一串二进制数表示。例如，16×16汉字点阵有256个点，需要256位二进制位来表示一个汉字的字形码，占用字节为16×16/8=32B。试想假如有200个24×24点阵的汉字，那么需要占用多少字节？

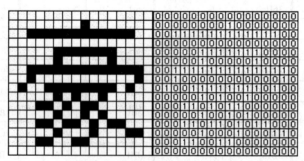

图2-2-1　汉字"豪"的点阵字模

2.2.4　图像信息在计算机中的存储

图像信息是由构成图像各个部分的颜色、深浅等因素组成的，图像被分割得愈细，愈能完整地表示各部分信息内容。

例如，可以把图2-2-2所示的图像分解为X行Y列，这样该图像就有了X×Y个"点"（称为像素，pixel），我们用3个字节分别来表示每个点的"红、绿、蓝"（RGB）三原色的信息，每个字节有 0～255 的不同编码，表示了某种颜色的深浅程度。只要规定好这些点的颜色信息在计算机内部存放的次序和方法就能把图像变成计算机内部的数据，它们实际上是数字化了的信息。

图 2-2-2　图像被分解的示意图

2.2.5　声音信息在计算机中的存储

声音是一种具有一定的振幅和频率且随时间变化的声波，通过话筒等转换装置可将其变成相应的电信号，但这种电信号是一种模拟信号，即连续变化的信号，不能由计算机直接处理。为了在计算机内部存储这些信息，首先要把电信号数字化，最简单的方法是把时间分成足够小的间隔，每一个间隔内的电信号强度看作不变，这个过程称为"采样"，然后用 8 位或16 位二进制数来表示，称为"量化"，从而得到了一连串的字节，称为"编码"。图 2-2-3 给出了声音信号数字化过程的示意图。

图 2-2-3　声音信号数字化过程的示意图

显然，时间间隔分得愈细，每个小的时间间隔内表示强度的二进制位数就愈多，信息也就保存得愈完整，但是，这样做的结果将使得相同时间内表示声波强度用的数据量变多，相应的字节数变大，在计算机中占用的存储量也变大。

2.3　计算机系统的基本组成

一个完整的计算机系统由硬件系统和软件系统两大部分组成，如图 2-3-1 所示。硬件指客观存在的物理实体，由电子元件和机械元件构成，是计算机系统的物质基础。软件指运行在计算机上的程序和数据，是计算机系统的灵魂。没有软件的计算机称为"裸机"，不能供用户使用，如果没有硬件对软件的物质支持，软件的功能无从谈起，两者相辅相成，缺一不可。

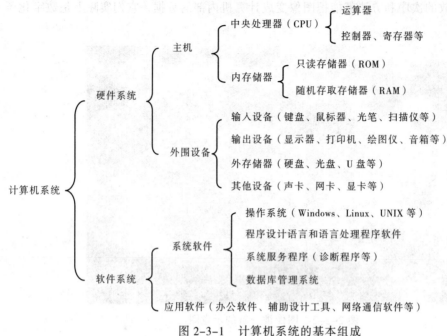

图 2-3-1　计算机系统的基本组成

2.3.1　计算机硬件组成

1. 中央处理器

中央处理器（Central Processing Unit，CPU）将运算器和控制器集成在同一个芯片中。它是一个由算术逻辑运算单元、控制器单元、寄存器组以及内部系统总线等单元组成的大规模集成电路芯片。CPU 是整个微机的核心部件，主要任务是进行算术运算或逻辑运算，并组织、指挥和协调计算机各个部件的工作可以直接访问内存。

CPU 是一小块集成电路芯片，如图 2-3-2 所示，一般安插在主板的 CPU 插座上。目前世界上生产微机 CPU 的厂家主要有 Intel（英特尔）和 AMD（超微）两家公司。

图 2-3-2　CPU 芯片

2. 存储器

（1）内存储器

内存储器是计算机各种信息存放和交换的中心，当前运行的程序和数据必须在内存中。按存取方式，内存可分为只读存储器（Read Only Memory，ROM）和随机存储器（Random Access Memory，RAM）。

ROM 的特点是只能从中读取信息，不能随意写入信息，是一个永久性存储器，断电后信息也不会丢失。ROM 主要用来存放固定不变的程序和数据，如机器的自检程序、初始化程序、基本输入/输出设备的驱动程序等。

RAM 随着计算机的启动，可以随时存取信息，特点是断电后信息全部丢失。通常人们所指的内存容量就是指 RAM 容量，它是计算机性能的一个重要指标。目前，一般内存容量选配在 1～4 GB 之间。内存条需要插在主板的内存插槽上，内存条的外观如图 2-3-3 所示。

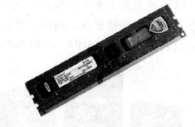

图 2-3-3　金士顿 DDR3 1333 4G 内存条

计算机在使用存储器时总是遇到两个矛盾：容量不够大；速度不够快。所谓容量不够大，一是指存放信息资料的地方不够大；二是指程序运行时，特别是多道程序运行时，内存大小显得不够。所谓速度不够快，是指计算机 CPU 处理指令的速度愈来愈快，内存存取指令的速度跟不上。为了解决这两个问题，可借助两类存储器：外部存储器和高速缓冲存储器。

（2）外存储器

外存储器的特点是存储容量大，信息能永久保存，但相对内存储器来说存储速度慢。目前，常用的外存储器主要有硬盘、光盘、可移动外存和网络存储。

① 硬盘（Hard Disk Driver，HDD）。硬盘是微机的主要外部存储设备，用于存放计算机操作系统、各种应用程序和数据文件。硬盘大部分组件都密封在一个金属外壳内，如图 2-3-4 所示。

硬盘一般被固定在计算机的机箱内，安装前要注意它的接口标准，常用的有 IDE 接口、EIDE 接口、SATA 接口和 SCSI 接口。现在流行的主板上一般缩减 IDE 接口而增加 SATA 接口，SCSI 接口的硬盘速度比较快，但价格比较贵。

目前硬盘的容量一般都很大，已达到几百个 GB 甚至更高。在使用前都要经过分区和格式化。分区就是将整个硬盘空间划分成若干个逻辑磁盘，各个逻辑磁盘可以单独管理。格式化就是在各个逻辑磁盘上建立一套文件系统。

图 2-3-4　希捷 Barracuda 1TB SATA2 硬盘

② 光盘（Compact Disk，CD）：光盘开始是作为多媒体计算机的关键部件之一而被使用的。目前，它不仅是多媒体数据的存储设备，也是各种程序和各种计算机文档的存储设备。光盘一般分为只读光盘（CD-ROM）、一次性写光盘（CD-R）、可多次读写光盘（CD-R/W）。

使用光盘必须有相应的光盘驱动器。光盘驱动器按接口可分为 IDE 接口、SCSI 接口、SATA 接口和 USB 接口，按速度可分为 16 倍速、24 倍速、32 倍速、48 倍速等。

目前已流行数字视频光盘，它的容量可达到 4.5 GB（单面单层）～17GB（双面双层），比 CD-ROM 容量大 8～25 倍，速度比 CD-ROM 快 9 倍以上。现在大多数 PC 标配的光盘驱动器都是 DVD-R/W，如图 2-3-5 所示。

图 2-3-5　DVD 光驱和光盘

③ 可移动外存：随着手机、MP3 播放器、数码照相机、数字摄像机等移动类的电子消费产品的不断普及，各种大容量、高速度、高便携性的移动存储产品也在不断涌现。目前，新一代的移动存储产品已经有很多，这些移动存储产品采用通用串行总线（USB）接口与主机相连，支持即插即用和热插拔，使用十分方便，如图 2-3-6 所示。

闪存卡是基于半导体技术的闪存（Flash memory），是能够满足计算机工作过程中低功耗、高可靠性、高存储密度、高读写速度要求的移动存储设备。当前，基于闪存技术的闪存卡主要面向数码照相机、MP3、手机等产品，计算机可以通过读卡器读取闪存卡上的信息。

图 2-3-6　闪存卡、读卡器、U 盘、移动硬盘

U 盘实际上是闪存芯片与 USB 芯片结合的产物，体积较小，便于携带，系统兼容性好，使用 USB 接口，不需要额外的接口件就能直接连接到计算机上。目前 U 盘的容量已经达到几十个 GB，甚至几百个 GB。

移动硬盘是一种容量可达几百 GB，甚至几 TB 的移动存储设备，能在移动程度上满足对于需要经常传送或携带大量数据的用户的需要。移动硬盘采用了成熟的硬盘技术，使用通用、支持热插拔的 USB（或 IEEE1394）接口进行数据传输。

④ 网络存储：随着互联网的不断发展和普及，尤其是近几年来"云计算"的不断深入，与网络密切相关的存储技术也相继产生。

网络附加存储（Network Add-on Storage，NAS）：是直接连接到网络上通过网络传输的一种存储器。NAS 设备都采用专门的操作系统通过类似网络文件系统等标准化协议提供文件级 I/O 的数据访问和存储。对于既要解决巨大存储容量，又要求低价位和即插即用的中小型用户，NAS 是首选的存储解决方案。

存储区域网络（Storage Area Neteork，SAN）：是以块为传输单元，通过光纤通道传输数据的技术。由于文件服务器与存储系统间采用的是低层的块协议，存储系统没有文件系统等数据管理工具，每个服务器都要安装存储服务。SAN 目前主要应用在大型应用领域。

网络硬盘（又称网络 U 盘）：是一些网络公司推出的在线存储服务，向用户提供文件的存储、访问、备份、共享等文件管理功能。用户可以把网盘看成一个放在网络上的硬盘或 U盘，不管在任何地方，只要连接到因特网，就可以管理、编辑网盘里的文件。不需要随身携带，更不怕丢失。目前最大的网络硬盘是金山 T 盘，它的免费空间达到 1 TB。

（3）高速缓冲存储器

高速缓冲存储器简称高速缓存，又称 Cache。从逻辑上来说，它介于计算机 CPU 和内存之间，因此称为"缓冲存储器"。构成它的器件的速度与 CPU 的器件速度是同一个级别，它能跟得上 CPU 的运行速度，比内存要快得多，因此又是"高速"的。高速缓冲存储器在工艺上比较复杂，价格昂贵，集成度达不到目前 RAM 芯片那么高，它只能小容量地集成在半导体芯片上，用它来替代内存中的 RAM 目前尚未实现。例如，英特尔 Core i3 芯片带有 4 MB

一级 Cache。

综上所述，计算机的存储器呈现出一种层次结构的形式，即 Cache—Memory—Disk 三层结构。最接近 CPU 的是内层高速缓冲存储器，中间层是内存（包括 ROM 和 RAM），外层是辅助存储器。这样的层次结构既有利于解决速度问题，又有利于解决容量问题。

3. 输入/输出设备

（1）输入设备

键盘是计算机最基本的输入设备，通常有 104 键，分为主键盘区、数字键区、功能键区、编辑区。目前大多数键盘采用 USB 接口与主机相连。随着用户层次的多样化，键盘上也新增了一些功能键：有多媒体功能键、上网快捷键、音量开关键等。除常见键盘外，还有符合人体工程学特点的键盘和无线键盘等，如图 2-3-7 所示。

鼠标是视窗操作系统环境下必不可少的输入工具，目前大多数鼠标也是采用 USB 接口与主机相连。鼠标的类型有机械的、光电的、无线的等，如图 2-3-8 所示。

其他输入设备还有扫描仪、触摸屏、条形码阅读器、手写笔、摄像头等。

图 2-3-7　104 键盘和人体工程学键盘　　　　图 2-3-8　光电鼠标和无线鼠标

（2）输出设备

显示器是计算机必需的输出设备。按工作原理可分为阴极射线管显示器（CRT）、液晶显示器（LCD）、等离子显示器（PD）等（见图 2-3-9）；按屏幕尺寸可分为 15 英寸（1 英寸=2.54 cm）、19 英寸、22 英寸、24 英寸等；按最大分辨率可分为 800×600、1 024×768、1 280×1 024、1 600×1 200 等。

显示器需要通过显卡与主机相连。显卡又称显示适配器（见图 2-3-10），它将 CPU 送来的影像数据处理成显示器可接收的格式，再送到显示屏上形成影像。目前显卡分独立显卡和主板集成显卡，一般高档配置都用独立显卡。为了加快显示速度，显卡中配有显示存储器，容量一般在 512 MB～2 GB。目前流行的是 AGP 显卡和 PCI 显卡。

（a）CRT 显示器　　　（b）LCD 显示器　　　（c）等离子体显示器

图 2-3-9　各类显示器　　　　　　　　　　　图 2-3-10　显卡

打印机是计算机常用的输出设备，以前的打印机主要是通过 LPT 端口与主机相连的，而目前的打印机主要是通过 USB 接口与主机连接。常用的打印机分为针式打印机、喷墨打印机和激光打印机。打印质量和速度按等级由高到低依次是激光、喷墨、针式。它们共同的性能指标是打印分辨率、打印速度和噪声，如图 2-3-11 所示。

其他输出设备还有绘图仪、投影仪、音箱等。

（a）针式打印机　　　　（b）喷墨打印机　　　　（c）激光打印机

图 2-3-11　常见的打印机

4. 其他设备

声卡是多媒体计算机必需的设备，它可以用来录音和放音，带有接扬声器和麦克风的插口，如图 2-3-12 所示。声卡的技术指标主要有：声音的采样位数、声音的采样频率、数字信号处理器（DSP）、FM 合成和波表合成、内置混响芯片和功率放大芯片。

图 2-3-12　集成声卡和独立声卡

调制解调器（Modem）是计算机通过普通电话线上网的设备。一般 PC 上用的调制解调器有内置式和外置式两种，便携式计算机使用 PCMCIA 接口的内置式调制解调器。

网卡又称网络适配器，是计算机连接网络的设备。网卡的型号与所要连接的局域网类型有关。随着无线网络的普及，各类用来连接无线局域网的无线网卡也应运而生，如图 2-3-13 所示。

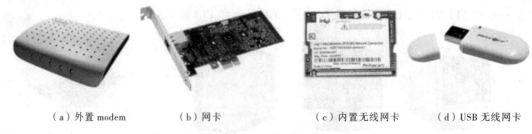

（a）外置 modem　　　　（b）网卡　　　　（c）内置无线网卡　　　　（d）USB 无线网卡

图 2-3-13　调制解调器、网卡和无线网卡

5. 常见接口

并行接口：是指采用并行传输方式来传输数据的接口标准。数据的宽度可以从 1～128 位或者更宽，最常用的是 8 位，可通过接口一次传送 8 个数据位。计算机系统最常用的并行接口是通常所说的 LPT 接口。

串行接口：是指数据一位位地顺序传送，其特点是通信线路简单，只要一对传输线就可以实现双向通信，特别适用于远距离通信，但传送速度较慢。作为通用的串行接口，最常用的是 RS232C 接口，在计算机系统中也称为 COM1、COM2、……接口。

USB（Universal Serial Bus）接口：是现在应用最为广泛的接口，使用 USB 通用串行总线技术，为解决现行 PC 与周边设备的通用连接而设计的。USB 接口的特点是传输速度快，支持热插拔，连接灵活，可独立供电。USB 接口的速度与版本有关，目前使用的主要是 USB 2.0 版本，最大传输率为 480 MB/s，USB 3.0 的传输速度将可达 4.8 GB/s。

PS/2 接口：是目前最常见的鼠标和键盘的专用接口，是一种 6 针的圆形接口，最初是 IBM 公司的专利，俗称"小口"。PS/2 键盘接口是蓝色的，鼠标接口是绿色的。但 PS/2 不能使高档鼠标完全发挥其性能，而且不支持热插拔。

IEEE 1394 接口：是苹果公司开发的用于高速传输数据的串行接口标准，传输速率可达 400 MB/s～3.2 GB/s。同 USB 一样，IEEE1394 也支持外设热插拔，可为外设提供电源，能连接多个不同设备，支持同步数据传输。

6. 总线与主板

总线（Bus）是计算机系统各部件间信息传送的公共通道，总线结构是 PC 硬件结构最重要的特点。按照计算机所传输的信息种类，总线可划分为数据总线（DB）、地址总线（AB）和控制总线（CB），分别用来传输数据信息、地址信息和控制信息。按照连接设备的不同，总线又可划分为内部总线、系统总线和外部总线。内部总线是用于 CPU 芯片内部的数据传输；系统总线是连接系统主板与扩展插卡的总线；外部总线则是用于连接系统与外围设备的总线。

常用的系统总线有 ISA 总线、EISA 总线、PCI 总线、PCI-E 总线等，其中 PCI 总线是当前最流行的总线之一，它是由 Intel 公司推出的一种扩展总线系统。它定义了 32 位数据总线，且可扩展为 64 位。PCI 总线支持突发读写操作，最大传输速率可达 133 MB/s，可同时支持多组外围设备。PCI Express 总线是 PCI 总线的一种，拥有更快的速率。它的规格从 1 条通道连接到 32 条通道连接，有非常强的伸缩性，以满足不同系统设备对数据传输带宽不同的需求。

主板又称主机板、系统板或母板，它安装在机箱内，将计算机的各个部件紧密地连接在一起，是微机最基本的也是最重要的部件之一，其外观如图 2-3-14 所示。主板通常是一块矩形的印刷电路板，上面有 CPU 插槽、内存条插槽、总线扩展槽、芯片组（南桥、北桥、ROM BIOS 芯片）、各种外围设备的接口等元件。

现在主板的集成度越来越高，可将声卡、网卡、显卡等都集成在主板上。

图 2-3-14 华硕（ASUS）Z170-A 主板（Intel Z170/LGA 1151）

2.3.2 计算机软件系统

所谓计算机软件，是指运行在计算机上的程序、运行程序所需的数据和相关文档的总称。从功能角度来看，计算机软件可以分为两大类：系统软件和应用软件。

1. 系统软件

为运行计算机而必需的最基本的软件称为"系统软件"，它实现对各种资源的管理、基本的人机交互、高级语言的编译或解释以及基本的系统维护调试等工作。

① 操作系统：用以控制和管理系统资源、方便用户使用计算机的程序的集合。也就是说，操作系统尽管很复杂，但是它的基本功能有两个：一是资源管理，管理、调度计算机系统的资源；二是人机接口界面管理，为用户方便地使用计算机提供友好的界面和良好的服务。常见的操作系统有 Windows、UNIX、Linux 和 Netware 等。

② 程序设计语言：用来编写程序所使用的语言，它是人与计算机之间交流的工具，按照和硬件结合的紧密程序，可以将程序设计语言分为机器语言、汇编语言和高级语言。在最底层，和硬件靠得最近的计算机语言是机器语言，它用二进制数字编写，可以直接被计算机识别和执行。其次是汇编语言，它用助记符取代二进制数字，基本上和机器语言一一对应。因此机器语言和汇编语言统称为"低级语言"。目前被大量使用的是计算机的高级语言，具有易学、易用、易于精通的特点，其缺点是运行速度比用低级语言编写的程序要慢。高级语言可分为面向过程和面向对象两大类。面向过程的高级语言如 Fortran、COBOL、Pascal、C 等，而面向对象的高级语言如 Visual Basic、C++、C#、Java、Delphi 和 Python 等。

③ 程序处理工具：用高级语言编写的程序称为源程序或源代码，计算机是不能直接执行源代码的，必须经过编译执行或解释执行。编译型高级语言的源程序要经过该语言的编译程序编译，变成目标程序后才能运行。解释型高级语言的源程序由该语言的解释程序逐条解释并逐条立即执行。另外，程序在编写或编译过程中还要用到该语言的调试和查错程序。

④ 数据库管理系统：一方面用来实现对大量数据的管理，另一方面可以基于它开发各种具体的信息管理系统，如人事管理系统、财务管理系统等。常见的数据库管理系统有 SQL Sever、SYBASE、DB2、ORACLE 等。

⑤ 工具软件：用来帮助用户更好地控制、管理和使用计算机的各种资源，如系统工具（包括内存管理、磁盘优化、光盘刻录、加密/解密、数据备份等）、网络工具（包括浏览器、电子邮件、网络安全、网络监控、网页设计、上网计费等）、各类设备的驱动程序、杀毒软件等。

2. 应用软件

为完成某种具体的应用性任务而编制的软件称为"应用软件"。应用程序在软件系统中处于最外层，是直接和用户打交道的软件。用户要从事某种工作，就会选择相应的应用软件。

① 信息管理类软件：广泛使用于企事业单位、学校、政府部门和商业机构等，类型很多，如人事管理、财务管理、产品管理、库存管理、物流管理、客户关系管理、商务管理、供应链管理等软件。

② 办公类软件：涉及文字和表格处理软件，只在应用软件中占据重要的地位。如微软的 Office 套装软件、金山的 WPS 等，另外还有电子出版系统的软件等。

③ 教育类软件：一般可分为三类，一类是面向家庭的学习软件，如"开天辟地""Internet

宝典"等；另一类是面向学校的辅助教育软件；还有一类是以多媒体形式介绍科普和各类知识的软件。

④ 游戏类软件：原先主要来自美国、欧洲、日本等，最近几年我国也自主开发了不少游戏软件，游戏软件的开发已成为了一个不断发展壮大的软件行业。

⑤ 翻译类软件：已经逐渐集中到几大产品，一是词典类，如"金山词霸"；二是翻译类，如"东方快车"。

⑥ 多媒体类软件：包括多媒体播放、软件解压、视频处理、音频处理、多媒体增强等方面的软件。

⑦ 图形图像处理类软件：包括看图工具、平面图形设计、三维动画、CAD 辅助设计、滤镜插件、GIF 动画、特效处理等方面的软件。

⑧ 其他：如网络应用类、数据处理类、电子图书类、科学计算类、投资经营类、家政管理类以及各种其他应用工具。

知识拓展：三个重要人物

1. 计算机科学之父、人工智能之父

阿兰·麦席森·图灵（Alan Mathison Turing, 1912—1954），1912 年 6 月 23 日生于英国伦敦。他是英国著名的数学家和逻辑学家，被称为计算机科学之父、人工智能之父，是计算机逻辑的奠基者。他对计算机的重要贡献在于他提出的有限状态自动机，也就是"图灵机"（Turning Machine）的概念，以及对于人工智能所提出的重要衡量标准"图灵测试"（Turning Testing）。人们为纪念其在计算机领域的卓越贡献，由美国计算机协会（ACM）于 1966 年设立"图灵奖"，专门奖励那些对计算机事业作出重要贡献的个人。

2. 现代电子计算机之父

约翰·冯·诺依曼（John von Neumann, 1903—1957），美籍匈牙利人，1903 年 12 月 28 日生于匈牙利的布达佩斯。冯·诺依曼对人类的最大贡献是对计算机科学、计算机技术、数值分析和经济学中的博弈论的开拓性工作。

现在一般认为 ENIAC（电子数字积分计算机）是世界第一台电子计算机，它是由美国宾夕法尼亚大学莫尔电气工程学院的莫克利和埃克特研制的，于 1946 年 2 月 14 日在费城开始运行。ENIAC 机证明电子真空技术可以大大地提高计算技术，但原本的 ENIAC 存在两个问题，没有存储器且它用布线接板进行控制，甚至要搭接几天，计算速度也就被这一工作抵消。1945 年，冯·诺依曼和他的研制小组在共同讨论的基础上，发表了一个全新的"存储程序通用电子计算机方案"——EDVAC，这对后来计算机的设计有决定性的影响，特别是确定计算机的结构，采用存储程序以及二进制编码等，至今仍为电子计算机设计者所遵循。

3. 计算机狂人、苹果教父

史蒂夫·乔布斯（Steve Jobs, 1955—2011），发明家、企业家、美国苹果公司联合创办人、前行政总裁。1976 年乔布斯和朋友成立苹果电脑公司，他陪伴了苹果公司数十年的起落与复兴，先后领导和推出了麦金塔计算机、iMac、iPod、iPhone 等知名数字产品，这些风靡全球亿万人的电子产品，深刻地改变了现代通信、娱乐乃至生活的方式。乔布斯是改变世界

第 2 章 计算机技术

的天才，他凭敏锐的触觉和过人的智慧，勇于变革，不断创新，引领全球资讯科技和电子产品的潮流，把计算机和电子产品变得简约化、平民化，让曾经是昂贵稀罕的电子产品变为现代人生活的一部分。

本 章 小 结

本章主要介绍了计算机技术中所涉及的一些最为基础的知识，包括计算机的基本组成、二进制编码和数制转换、存储程序和指令系统；另外介绍了各类数据（包括字符、图像、声音等）在计算机内的表示方法；最后针对计算机系统的组成，特别对硬件系统和软件系统分别进行了介绍。

本章的目的是通过对计算机技术基础知识的介绍，能够让读者了解计算机的一些基本原理和组成，以及知晓各类数据在计算机内所采用的表示方法。同时也使读者了解计算机硬件的组成和软件的分类。

本 章 习 题

一、单选题

1. 计算机的基本组成原理中所述的五大部件包括_____。
   A. CPU、主机、电源、输入和输出设备
   B. 控制器、运算器、高速缓存、输入和输出设备
   C. CPU、磁盘、键盘、显示器和电源
   D. 控制器、运算器、存储器、输入和输出设备

2. 下面有关数制的说法中，不正确的是_____。
   A. 二进制数制仅含数符 0 和 1
   B. 十进制 16 等于十六进制 10H
   C. 一个数字串的某数符可能为 0，但是任一数位上的"权"值不可能是 0
   D. 常用计算机内部一切数据都是以十进制为运算单位的

3. 十进制数 6666 转换为二进制数是_____。
   A. 1000010101110B   B. 1101000001010B
   C. 1001110101110B   D. 1010110101110B

4. 十六进制数 FFFH 转换为二进制数是_____。
   A. 111111111111   B. 101010101010   C. 010101010101   D. 100010001000

5. 计算机中能直接被 CPU 存取的信息是存放在_____中。
   A. 软盘   B. 硬盘   C. 光盘   D. 内存

6. 目前微型计算机硬盘的存储容量多以 GB 计算，1 GB 可以换算为_____。
   A. 1 000 KB   B. 1 000 MB   C. 1 024 KB   D. 1 024 MB

7. 计算机要执行一条指令，CPU 首先所涉及的操作应该是_____。
   A. 指令译码   B. 取指令   C. 存放结果   D. 执行指令

8. 计算机内部指令的编码形式都是_____编码。

    A. 二进制   B. 八进制   C. 十进制   D. 十六进制

9. 在计算机系统内部使用的汉字编码是_____。

    A. 国标码   B. 区位码   C. 输入码   D. 内码

10. 计算机系统是由_____组成的。

    A. 主机及外部设备   B. 主机键盘显示器和打印机

    C. 系统软件和应用软件   D. 硬件系统和软件系统

11. CPU 即中央处理器，包括_____。

    A. 内存和外存   B. 运算器和控制器

    C. 控制器和存储器   D. 运算器和存储器

12. 目前常用计算机存储器的单元具有_____种状态，并能保持状态的稳定和在一定条件下实现状态的转换。

    A. 四   B. 三   C. 二   D. 一

13. 计算机主存多由半导体存储器组成，按读写特性可分为_____两大类。

    A. ROM 和 RAM   B. 内存和外存   C. Cache 和 RAM   D. ROM 和 BIOS

14. 外存储器中的信息，必须首先调入_____，然后才能供 CPU 使用。

    A. RAM   B. 运算器   C. 控制器   D. ROM

15. 直接连接存储是当前最常用的存储形式，主要存储部件不包括_____。

    A. 软盘   B. 硬盘   C. 光盘   D. 优盘

16. 硬盘使用的外部总线接口标准有_____等多种。

    A. Bit–BUS、STF   B. IDE、EIDE、SCSI

    C. EGA、VGA、SVGAR   D. RS232、IEEE488

17. DVD–ROM 上的信息_____。

    A. 可以反复读和写   B. 只能读出

    C. 可以反复写入   D. 只能写入

18. 目前应用越来越广泛的 U 盘属于_____技术。

    A. 刻录   B. 移动存储

    C. 网络存储   D. 直接连接存储

19. 不属于新一代移动存储产品的是_____。

    A. 闪存卡   B. U 盘   C. 移动硬盘   D. 可读写光盘

20. 计算机中使用 Cache 的目的是_____。

    A. 为 CPU 访问硬盘提供暂存区   B. 缩短 CPU 等待读取内存的时间

    C. 扩大内存容量   D. 提高 CPU 的算术运算能力

21. 计算机外部输入设备中最重要的设备是_____。

    A. 显示器和打印机   B. 扫描仪和手写输入板

    C. 键盘和鼠标   D. 游戏杆和轨迹球

22. 计算机常用的数据通信接口中，传输速率最高的是_____。

    A. USB 1.0   B. USB 2.0   C. RS–232   D. IEEE1394

23. 计算机的发展过程中内部总线技术起了重要的作用，微型计算机的内部总线主要由_____总线、地址总线和控制总线组成。

    A. 数字   B. 数据   C. 信息   D. 交换

24. 人们根据特定的需要，预先为计算机编制的指令序列称为_____。

    A. 软件   B. 文件   C. 集合   D. 程序

25. 计算机硬件能直接识别和运行的语言只有_____。

    A. 高级语言   B. 符号语言   C. 汇编语言   D. 机器语言

26. 高级语言可分为面向过程和面向对象两大类，_____属于面向过程的高级语言。

    A. Fortran   B. C++   C. Java   D. SQL

27. 操作系统的主要功能是_____。

    A. 资源管理和人机接口界面管理   B. 多用户管理

    C. 多任务管理   D. 实时进程管理

28. Java 是一种_____。

    A. 数据库   B. 计算机设备   C. 程序设计语言   D. 应用软件

29. Python 是一种_____的高级语言。

    A. 面向机器   B. 面向过程   C. 面向对象   D. 面向人类

30. 以下不属于工具软件的是_____。

    A. 电子邮件   B. 文字处理   C. BIOS 升级程序   D. 各类驱动程序

二、填空题

1. 在微型机中，信息的基本存储单位是字节，每个字节内含_____个二进制位。

2. 汉字国标码 GB 2312—1980 是一种_____字节编码。

3. 汉字以 24×24 点阵形式在屏幕上单色显示时，每个汉字占用_____字节。

4. 存储器分为内存储器和外存储器，内存又称_____，外存也称辅存。

5. 光盘的类型有_____光盘、一次性写光盘和可擦写光盘三种。

6. CPU 与存储器之间在速度的匹配方面存在着矛盾，一般采用多级存储系统层次结构来解决或缓和矛盾。按速度的快慢排列，它们是_____、内存、外存。

7. Cache 是一种介于 CPU 和_____之间的可高速存取数据的芯片。

8. USB 接口的最大缺点是传输距离_____。

9. 汇编语言是利用_____表达机器指令，其优点是易读写。

10. 计算机软件又可分为系统软件和应用软件。打印驱动程序属于_____软件。

第3章

→ Windows 操作系统

操作系统是最基本的系统软件，其他所有软件都是建立在操作系统基础上的。操作系统是控制和管理系统内各种硬件和软件资源，合理有效地组织计算机系统的工作，为用户提供一个良好的人机交互界面，是使用计算机必不可少的工具和工作环境。本章首先介绍 Windows 7 操作系统，包括操作环境的设置、文件的管理、程序的管理，以及一些实用工具的应用。

3.1　Windows 概述

3.1.1　操作系统概述

操作系统（Operating System，OS）是管理计算机硬件与软件资源的程序。操作系统是控制其他程序运行，管理系统资源并为用户提供操作界面的系统软件的集合。操作系统身负诸如管理与配置内存、决定系统资源供需的优先次序、控制输入与输出设备、操作网络与管理文件系统等基本事务。

操作系统的种类繁多，不同机器安装的 OS 可从简单到复杂，可从手机的嵌入式系统到超级计算机的大型操作系统。目前微机上流行的操作系统有 Linux、Windows、Mac OS X 等，图 3-1-1 所示是三个应用比较广泛的微机操作系统。

图 3-1-1　Linux、Windows、Mac OS X 三个微机操作系统

Linux 是一种自由和开放源码的类 UNIX 操作系统，是一个领先的操作系统，可安装在各种计算机硬件设备中。它的诞生、发展和成长过程始终依赖着以下五个重要支柱：UNIX 操作系统、MINIX 操作系统、GNU 计划、POSIX 标准和 Internet 网络。

Windows 操作系统是一款由美国微软公司开发的窗口化操作系统，是目前世界上使用最广泛的操作系统。目前最新的版本是 Windows 10。最早的 Windows 操作系统是 1985 年推出的 Windows 1.0，Windows 采用了 GUI 图形化操作模式，比起从前的指令操作系统，如 DOS 更为人性化、操作更方便。

Mac OS X 是全球领先的操作系统，它基于 UNIX 操作系统，让处处创新的 Mac 安全易用，设计简单直观、高度兼容、出类拔萃。所有的一切从启动 Mac 后所看到的桌面，到日常使用的应用程序，都设计得简约精致、趣味盎然。目前最新的版本是 Mac OS X Lion。

随着便携式设备和移动互联网的普及，基于移动设备的操作系统也应运而生，目前市场上比较流行的智能手机的操作系统有 iOS、Android、Windows Mobile 等，如图 3-1-2 所示。

图 3-1-2　iOS、Android、Windows Mobile 三个手机微机操作系统

3.1.2　Windows 的版本

Microsoft Windows 是美国微软公司研发的一套操作系统，它问世于 1985 年，起初仅仅是 Microsoft-DOS 模拟环境，后续的系统版本由于微软不断的更新升级，不但易用，也逐渐成为人们最喜爱的操作系统。

Windows 采用了图形化模式 GUI，比起从前的 DOS 需要输入指令使用的方式更为人性化。随着计算机硬件和软件的不断升级，微软的 Windows 也在不断升级，从架构的 16 位、32 位再到 64 位，系统版本从最初的 Windows 1.0 到大家熟知的 Windows 95、Windows 98、Windows ME、Windows 2000、Windows 2003、Windows XP、Windows Vista、Windows 7、Windows 8、Windows 8.1、Windows 10 和 Windows Server 服务器企业级操作系统，不断持续更新，微软一直在致力于 Windows 操作系统的开发和完善。

Windows 7、Windows 8 和 Windows 10 都是微软公司近几年相继推出的新一代操作系统，目前已成为桌面系统的主流操作系统。

1. Windows 7

Windows 7 是由微软公司于 2009 年 10 月发布并投入市场的新一代操作系统。Windows 7 可供家庭及商业工作环境、笔记本电脑、平板电脑、多媒体中心等使用。Windows 7 是微软操作系统一次重大的革命创新，它在功能、安全性、个性化、可操作性、功耗等方面都有很大的改进。图 3-1-3 所示是 Windows 7 的标志。

图 3-1-3　Windows 7 的标志

Windows 7 包含六个版本，即 Windows 7 Starter（初级版）、Windows 7 Home Basic（家庭普通版）、Windows 7 Home Premium（家庭高级版）、Windows 7 Professional（专业版）、Windows 7 Enterprise（企业版）、Windows7 Ultimate（旗舰版）。本书后续以 Windows 7 Professional（专业版）为平台进行介绍。

Windows 7 Professional（专业版）主要是面向个人爱好者和小企业用户，满足办公或开发的需求，包含加强的网络功能，如活动目录和域的支持、远程桌面等。另外，还有网络备份、位置感知打印、加密文件系统、演示模式等，还支持 Windows XP 兼容模式，使用户可在 Windows 7 环境中充分利用 Windows XP 程序。专业版适用于对网络数据备份、远程控制等有特别需求的用户。

2．Windows 8

Windows 8 是微软继 Windows 7 之后的 Windows 操作系统，图 3-1-4 所示是 Windows 8 的标志。在界面方面，采用 Modern UI 界面，各种程序以磁贴的样式呈现；在操作方面，大幅改变以往的操作逻辑，提供屏幕触控支持；硬件兼容上，Windows 8 支持来自 Intel、AMD 和 ARM 的芯片架构，可应用于台式机、笔记本电脑、平板电脑上。

图 3-1-4　Windows 8 的标志

Windows 8 包含四个版本，即 Windows 8（标准版）、Windows 8 Professional（专业版）、Windows 8 EnterPrise（企业版）和 Windows 8 RT（ARM 版）。

Windows 8（标准版）最基础的版本预安装在各种新的平板、变形本、超级本、笔记本和一体机上，适用于台式机和笔记本用户以及普通家庭用户。Windows 8 Pro（专业版）内置一系列 Windows 8 增强的技术，包括加密、虚拟化、PC 管理和域名连接等。Windows 8 EnterPrise（企业版）包括 Windows 8 专业版的所有功能，为了满足企业的需求，还增加了 PC 管理和部署，先进的安全性，虚拟化等功能。Windows 8 RT（ARM 版）专门为 ARM 架构设计，不会单独零售，仅采用预装的方式发行，且只能预装在采用 ARM 架构处理器的 PC 和平板电脑中。

3．Windows 10

Windows 10 是美国微软公司所研发的新一代跨平台及设备应用的操作系统。Windows 10 共有七个发行版本，即 Windows 10 Home(家庭版)、Windows 10 Professional(专业版)、Windows 10 Enterprise(企业版)、Windows 10 Education(教育版)、Windows 10 Mobile(移动版)、Windows 10 Mobile Enterprise（企业移动版）、Windows 10 IoT Core（物联网版）。

Windows 10 Home（家庭版）面向使用 PC、平板电脑和二合一设备的消费者，它将拥有 Windows 10 的主要功能；Windows 10 Professional（专业版）除具有 Windows 10 家庭版的功能外，它还使用户能管理设备和应用，保护敏感的企业数据，支持远程和移动办公，使用云计算技术等。Windows 10 Enterprise（企业版）以专业版为基础，增添了大中型企业用来防范针对设备、身份、应用和敏感企业信息的现代安全威胁的先进功能；Windows 10 Education（教育版）以 Windows 10 企业版为基础，面向学校职员、管理人员、教师和学生，它将通过面向教育机构的批量许可计划提供给客户；Windows 10 Mobile（移动版）面向尺寸较小、配置触控屏的移动设备，集成有与 Windows 10 家庭版相同的通用 Windows 应用和 Office；Windows 10 Mobile Enterprise（企业移动版）以 Windows 10 移动版为基础，面向企业用户；Windows 10 IoT Core（物联网版）面向小型低价设备，主要针对物联网设备。

微软预计功能更强大的设备——如 ATM、零售终端、手持终端和工业机器人，将运行 Windows 10 企业版和 Windows 10 移动企业版。

3.1.3 Windows 7 操作环境

Windows 7 的操作界面较以前的版本有了很大的改进，它将明亮鲜艳的外观与简单易用的设计集合在一起，操作方法也略有不同。

（1）启动 Windows 7

按下主机电源按钮后，计算机将进行硬件自检，如果主要硬件自检通过，接着会引导启动操作系统。若系统只有一个用户账户，且未设置密码，则会自动登录直接进入系统桌面。如果用户设置了账户密码，或者为多用户界面，则会显示用户登录界面（见图 3-1-5），只要单击用户账户名并输入密码，即可进入系统桌面。

（2）注销和关闭 Windows 7

在成功登入 Windows 7 后如需切换用户、注销、锁定、重新启动及睡眠，则可以单击"开始"菜单中"关机"按钮旁的右箭头，可以弹出相应的菜单，如图 3-1-6 所示。

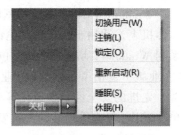

图 3-1-5　Windows 7 多用户登录界面　　　　图 3-1-6　"关机"菜单

① 锁定：选择"锁定"命令，系统将自动向电源发出信号，切断除内存以外的所有设备的供电，由于内存没有断电，系统中运行着的所有数据将依然被保存在内存中。由于仅向内存供电，所以耗电量是很小的。

② 睡眠：将当前系统的状态保存在内存中，关闭屏幕、硬盘以及其他一些用不到的设备，以极低的耗电量保存内存中的资料，达到"节能减碳"的目的。

注：Windows 7 除了提供睡眠待机模式外，还提供了休眠的待机模式。休眠模式是将当前系统的状态保存在硬盘中（hiberfil.sys），然后关机，当下次开机时便可以利用该文件还原当初的工作状态。

③ 注销：就是向系统发出清除现在登录的用户的请求，清除后即可使用其他账户来登录系统。注销不是重新启动，只清空当前用户的缓存空间和注册表信息。

④ 切换用户：与注销类似，也是允许另一个用户登录计算机，但前一个用户的操作依然被保留在计算机中，其请求并不会被清除，一旦计算机又切换回前一个用户，仍可继续操作，这样可保证多个用户互不干扰地使用计算机。

⑤ 关机：直接关闭 Windows 7 操作系统并关闭电源。

启动 Windows 7 后，系统将整个显示器屏幕作为工作桌面，用户的各项操作都是在桌面上进行的，桌面主要包括桌面背景、桌面图标、"开始"按钮、任务栏、桌面小工具、应用程序窗口等，如图 3-1-7 所示。

图 3-1-7　Windows 7 桌面

1. 桌面的设置

桌面的设置主要包括桌面主题、背景图片、桌面图标、桌面小工具等的设置。

（1）桌面主题

Windows 7 带有大量不同的主题。每个主题都包括桌面背景、屏幕保护程序、窗口边框颜色，以及各种声音、图标和鼠标指针。

在桌面空白处右击，在弹出的快捷菜单中选择"个性化"命令，或者打开"控制面板"窗口，选择"外观和个性化"选项，打开图 3-1-8 所示的"个性化"窗口。

在该窗口中，一方面可以选择 Windows 7 提供的各类丰富的主题；另一方面如果当前设置的主题不能满足个性化要求，可以通过窗口下方的命令选项，自定义桌面背景、窗口颜色、声音、屏幕保护等主题元素。甚至可将自定义的主题，通过"保存主题"按钮来保存当前设置，方便以后选择使用。

（2）背景图片

除了选用桌面主题中的背景图片外，用户还可以将自己的图片作为桌面的背景图片。

在"个性化"窗口中，选择"桌面背景"选项，打开"桌面背景"窗口，如图 3-1-9 所示，可以选择其他的背景图片或用户自己的图片。在 Windows 7 中可以选择单张图片，也可以按住【Ctrl】键选择多张图片来作背景，当选择多张图片做背景时，需要设置"更改图片时间间隔"。

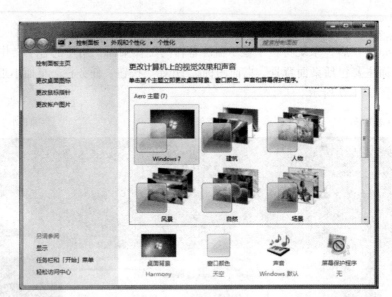

图 3-1-8　"个性化"窗口

图 3-1-9　"桌面背景"窗口

（3）桌面图标

桌面图标按类型可分为桌面通用图标（系统图标）、快捷方式图标（指向应用程序、文件夹或文件）两种。

① 系统图标：对于桌面系统图标的设置，可以通过单击"个性化"窗口左上方的"更改桌面图标"选项，打开"桌面图标设置"对话框（见图 3-1-10）进行设置。

② 快捷方式图标：一般是由应用程序安装时自动生成或由用户自行创建，它的图标有一个主要特征是其图标的左下角有一个箭头标识。创建的方法很多，一般可以通过选择对象右键快捷菜单中的"发送到/桌面快捷方式"命令；或右击桌面空白位置，选择快捷菜单中的"新建/快捷方式"命令，在图 3-1-11 所示的对话框中确定目标对象的位置和名称。

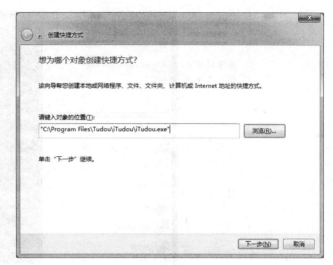

图 3-1-10 "桌面图标设置"对话框　　　　图 3-1-11 "创建快捷方式"对话框

（4）桌面小工具

Windows 7 操作系统自带了十一个实用小工具，能够在桌面上显示 CPU 和内存利用率、日期、时间、新闻条目、股市行情、天气情况等信息，还能进行媒体播放及拼图游戏等。选择添加小工具的方法如下：

在桌面空白处右击，在弹出的快捷菜单中选择"小工具"命令，打开桌面小工具的管理窗口，如图 3-1-12 所示。

图 3-1-12 桌面小工具的管理窗口

2. "开始"菜单

"开始"菜单可以通过单击"开始"按钮或利用 Windows 键盘上的 Windows 徽标键⊞来启动，是操作计算机程序、文件夹和系统设置的主通道，方便用户启动各种程序和文档。

"开始"菜单的功能布局如图 3-1-13 所示。

① 跳转列表：是 Windows 7 的一个新亮点，实际上是将每个应用程序"最近打开的文件"以快捷方式的形式汇集在"开始"菜单中，使再次打开常用文档更加方便。

图 3-1-13　"开始"菜单的功能布局

　　将鼠标指针移动到"开始"菜单程序列表上的某个程序上，短暂停留或单击右侧的▶按钮时，系统会显示该程序最近打开过的文档列表。

　　② 程序列表：其实就是"开始"菜单最近调用过的程序跳转列表。只要在"开始"菜单上调用一次，该程序项（快捷方式）就会被列入程序列表中。程序列表是动态调整变化的，显示程序项数量达到一定时（默认值是 10 个），最早调用的程序项将被最近调用的代替。

　　③ 所有程序列表：选择"所有程序"命令，"开始"菜单的左窗格将显示按字母顺序排列的系统安装的所有程序列表。

　　④ 搜索框：为在计算机上查找相关的对象提供了便捷的途径。搜索框不要求用户提供确切的搜索范围，其将遍历安装的程序、控制面板功能，以及与当前用户相关的硬盘和库中的文件夹。另外，搜索框除了可以用于搜索内容外，还能作为"运行"对话框使用。

　　3. **任务栏**

　　Windows 7 任务栏的结构有了全新的设计：任务栏图标去除了文字显示，完全用图标来说明一切；外观上，半透明的 Aero 效果结合不同的配色方案显得更美观；功能上，除保留能在不同程序窗口间切换外，加入了新的功能，使用更方便。

　　任务栏一般位于桌面底部，呈现为水平长条，主要由任务按钮区、通知区域和"显示桌面"按钮三部分组成，如图 3-1-14 所示。

图 3-1-14　任务栏

① 任务按钮区：主要放置固定任务栏上的程序以及正打开着的程序和文件的任务按钮，用于快速启动相应的程序，或在应用程序窗口间切换。

② 通知区域：一般包括一个时钟和一组图标。通过单击"时钟"区域可以查看或修改系统的日期和时间；另外一组图标主要表示计算机上某程序的状态（如开机自启动的一些程序），或提供访问特定设置的途径（如网络设置、系统更新等）。

③ "显示桌面"按钮：在任务栏的右侧，呈半透明状的区域，当鼠标指针停留在该按钮上时，按钮变亮，所有打开的窗口透明化，鼠标指针离开后即恢复原状。当单击该按钮时，所有窗口全部最小化，显示整个桌面，再次单击，全部窗口还原。

④ 右击任务栏空白区域，在弹出的快捷菜单中选择"属性"命令，可以打开属性设置对话框，如图 3-1-15 所示。

图 3-1-15　"任务栏和「开始」菜单属性"对话框

4. 窗口

窗口是 Windows 操作环境中最基本的对象，当用户打开文件、文件夹或启动某个程序时，都会以一个窗口的形式显示在屏幕上。虽然不同的窗口在内容和功能上会有所不同，但大多数窗口都具有很多共同点和类似的操作。

Windows 7 中窗口可以分为两种类型：一种是文件夹窗口，另一种是应用程序窗口，如图 3-1-16 所示。窗口的基本操作主要有打开和关闭窗口、调整窗口大小、移动窗口、排列窗口和切换窗口等。

（a）文件夹窗口

（b）应用程序窗口

图 3-1-16　窗口

5. 菜单

菜单是将命令用列表的形式组织起来，当用户需要执行某种操作时，只要从中选择对应的命令项即可进行的操作。

Windows 中的菜单有"开始"菜单、窗口控制菜单、应用程序菜单（下拉菜单）、右键快捷菜单，如图 3-1-17 所示。

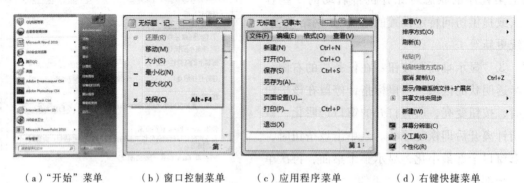

（a）"开始"菜单　　　（b）窗口控制菜单　　　（c）应用程序菜单　　　（d）右键快捷菜单

图 3-1-17　各种类型的菜单

6. 对话框

对话框是实现人机交互的一个特殊窗口（见图 3-1-18），用户可通过对话框获取系统的信息，系统也可通过对话框获取用户输入的信息。对话框与普通的窗口有相似之处，但它的大小是不可改变的，并且只有在用户完成了对话框选项操作后才能进行下一步操作。

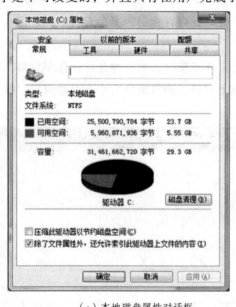

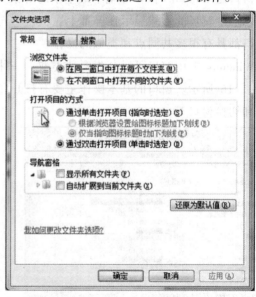

（a）本地磁盘属性对话框　　　　　　　　　（b）"文件夹选项"对话框

图 3-1-18　对话框

3.1.4　Windows 7 帮助系统

无论是初学者还是熟练用户，都有可能在操作过程中碰到这样那样的问题和疑惑，因此要学会"有困难，找帮助"。

Windows 7 帮助和支持既有 Windows 的内置帮助系统（脱机帮助），又有相关 Web 网站提供的帮助系统（联机帮助），在这里可以快速获取常见问题的答案、疑难解答提示以及操作执行说明。

使用方法：单击"开始"按钮，在"开始"菜单中选择"帮助和支持"命令，打开"Windows 帮助和支持"对话框，如图 3-1-19 所示。

图 3-1-19　"Windows 帮助和支持"对话框

3.2　文件及文件夹的管理

在计算机中的各种信息都是以文件的形式存储在各类存储设备中的，而文件夹又是组织和管理各类文件的有效工具，因此，对文件及文件夹的管理是 Windows 7 的一项重要操作。

Windows 7 除了拥有华丽的外表外，在资源管理、文件夹、文件管理方面更是有了非常人性化的改善，特别是引入了库的概念。

3.2.1　资源管理器

Windows 资源管理器采用分层次结构显示了用户计算机上所有的资源，能够清晰、直观地对计算机上所有的文件和文件夹进行管理。

1. 打开的方法

① 选择"开始"菜单→"所有程序"→"附件"→"Windows 资源管理器"命令。

② 右击"开始"按钮，在快捷菜单中选择"打开 Windows 资源管理器"命令。

③ 右击任务栏按钮区左侧的"Windows 资源管理器"按钮，在快捷菜单中选择"Windows 资源管理器"命令，或者直接单击该按钮（如果资源管理器窗口已打开，则任务栏上无此按钮）。

④ 直接双击某个文件夹或文件夹的快捷方式也能打开资源管理器窗口。

2. 资源管理器窗口

上述前三种方法，资源管理器默认打开的是"库"文件夹，如图 3-2-1 所示。

资源管理器窗口可分为左、右两个窗格：左侧是列表区，右侧是内容区。利用鼠标可以改变左右窗格的大小。

① 列表区：列出了当前计算机中的所有资源的"文件夹"栏，包括收藏夹、库、家庭组、计算机和网络。

② 内容区：显示的是左侧当前文件夹下的子文件夹或文件目录列表。

③ 地址栏：Windows 7 资源管理器的地址栏采用了称为"面包屑"的导航功能。在地址栏中不仅可以知道当前打开的文件夹名称、路径，还可以在地址栏中输入本地硬盘的地址或网络地址，直接打开相应内容。

图 3-2-1　资源管理器窗口

④ 菜单栏：资源管理器窗口的菜单栏默认是隐藏的，可以通过【Alt】键来暂时显示或取消显示菜单栏，也可以通过单击工具栏中的"组织"按钮，显示窗口的菜单栏，如图 3-2-2 所示。

⑤ 工具栏：Windows 7 中的工具栏设置非常智能化和人性化，打开不同的窗口或选择不同的文件夹时会有不同的工具栏。

⑥ 信息栏：显示内容区的统计信息或选中的某个对象的信息。

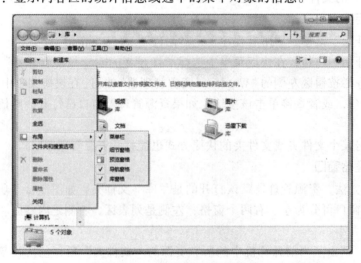

图 3-2-2　资源管理器菜单栏

3.2.2　库

Windows 7 中的"库"是一个特殊的文件夹，可以在其中添加任意的文件夹，但是这些文件夹及其中的文件实际上还是保存在原来的位置，只是在"库"中建立了一个指向目标的

"快捷方式"。这样可以不需要四处寻找分布在各个分区的同类文件，库就像图书馆的索引，让用户轻松找到要找的资源。

① 打开库：打开资源管理器窗口，里面有文档、音乐、图片、视频等文件夹。

② 添加库分类：单工具栏上的"新建库"按钮，或在库的空白处右击，在弹出的快捷菜单中选择"新建"→"库"命令。

③ 添加到库：右击想要添加到库的文件夹，在弹出的快捷菜单中选择"包含到库"命令，再选择包含到的那个子库。如果要添加的文件夹窗口已经打开，可直接单击工具栏中的"包含到库"按钮，再选择要添加到哪个子库。

④ 从库中删除文件夹：右击需要从库中删除的文件夹，在弹出的快捷菜单中选择"删除"命令。

3.2.3 认识文件和文件夹

Windows 7 系统中资源是以文件的方式来存储的，文件夹可以将这些文件分门别类地保存起来。文件是指保存在计算机中的各种信息和数据，如文档、图片、视频或程序。

notepad.exe

主文件名 扩展名

1. 文件和文件夹

文件名一般由主文件名和扩展名组成，主文件名和扩展名用"."隔开，如图 3-2-3 所示。其中，扩展名一般表示文件的类型，表 3-2-1 所示为计算机中常见的文件类型。

图 3-2-3　文件名的组成

表 3-2-1　计算机中常见的文件类型

扩展名	文件类型	扩展名	文件类型	扩展名	文件类型
.txt	文本文件	.lnk	快捷方式	.bmp	位图文件
.wma	声音文件	.exe	可执行文件	.avi	视频文件
.docx	Word 文档	.xlsx	Excel 文档	.pptx	演示文稿

在计算机中，文件一般都是存放在文件夹中，文件夹是为了能够更好地管理文件。文件夹一般只有主文件名，也可以有扩展名。

文件和文件夹的名称在目前的操作系统中可以用字母、数字、汉字和其他一些符号在内的 256 个字符组成，但不能包含以下几个"\"、"/"、":"、"*"、"?"、"<"、">"、"|"等特殊符号。

在 Windows 7 中，可根据个人需要创建文件夹：

① 首先打开资源管理器窗口，选定要创建新文件夹的位置为当前文件夹。

② 在窗口空白位置右击，在弹出的快捷菜单中选择"新建"→"文件夹"命令，也可以通过窗口工具栏中的"新建文件夹"按钮来创建新的文件夹。

③ 输入文件夹的名称，按【Enter】键或单击窗口其他任意位置，完成新文件夹的创建。

说明：系统在当前文件夹创建新的文件夹，默认名"新建文件夹"，可以直接输入新的文件夹名，也可以通过"重命名"来更名。

第 3 章　Windows 操作系统

2. 文件列表的显示

（1）文件夹选项设置

选择"组织"→"文件夹和搜索选项"命令，在打开的"文件夹选项"对话框中选择"查看"选项卡（见图 3-2-4），可以更改文件列表中的显示项目。

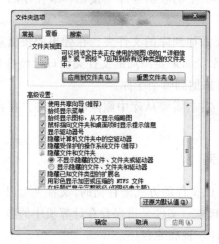

图 3-2-4 "文件夹选项"对话框

（2）更改文件列表显示视图

通过工具栏右侧的"更改选项"按钮，或右击空白区域，在弹出的快捷菜单中选择"查看"命令，然后选择显示方式，如图 3-2-5 所示。

（3）更改文件列表排列方式

右击空白区域，在弹出的快捷菜单中选择"排序"命令，然后选择排序方式和升降方式，如图 3-2-6 所示。

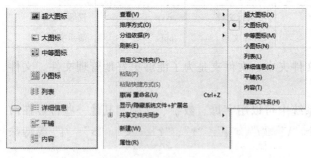

图 3-2-5 视图模式

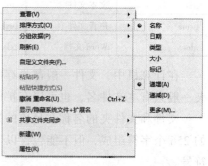

图 3-2-6 排序方式

（4）文件预览

Windows 7 系统中添加了许多预览效果，不仅仅是图片预览，还可以预览文本等，这些预览效果方便用户快速了解文本内容。

在资源管理器窗口中要启用预览，一种方法是单击工具栏右侧的"显示预览窗格"按钮，或选择"组织"→"布局"→"预览窗格"命令，即可在资源管理器窗口的右侧显示预览窗口，如图 3-2-7 所示。

图 3-2-7 资源管理器窗口的预览窗格

3.2.4 文件和文件夹的操作

1. 选定文件或文件夹

Windows 操作有个原则，就是"先选择操作对象，后选择操作命令"，因此选定文件或文件夹是非常重要的。具体方法如下：

通过单击可以实现单个对象的选定；利用【Ctrl】键或【Shift】键与鼠标的配合来选择多个不连续或多个连续的对象；使用"组织"→"全选"命令或按【Ctrl+A】组合键来完成当前文件夹中全部文件或文件夹的选择。

2. 查看或更改文件/文件夹属性

选定需要查看或更改的文件或文件夹，然后选择"组织"→"属性"命令，或右击，在弹出的快捷菜单中选择"属性"命令，弹出相应的属性对话框，如图 3-2-8 所示。

在对话框中，可以了解到该文件或文件夹的相关信息，同时可以更改它们的属性，单击"高级"按钮，可进一步更改相关属性。

3. 复制、移动文件或文件夹

复制、移动文件或文件夹一般有两种方法，一种是通过鼠标的拖动来完成，另一种是通过剪贴板来实现。

（1）通过鼠标拖动来复制、移动文件或文件夹

在确保源文件夹和目标文件夹可见的情况下，可以直接利用鼠标的拖动来实现文件或文件夹的复制或移动。

但要注意的是，如果源和目标在同一磁盘中，那么鼠标的直接拖动是移动对象，【Ctrl】键+拖动是复制对象；如果源和目标不在同一磁盘中，那么鼠标的直接拖动是复制对象，【Shift】键+拖动是移动对象。

图 3-2-8　属性对话框

（2）通过剪贴板来复制、移动文件或文件夹

① 选定要复制或移动的对象。

② 选择"组织"→"复制"命令，或者右击，选择快捷菜单中的"复制"（或"剪切"）命令；也可以利用快捷键【Ctrl+C】（或【Ctrl+X】）将其复制（或剪切）到 Windows 的剪贴板上。

③ 打开目标文件夹，选择"组织"→"粘贴"命令，或者利用快捷键【Ctrl+V】将剪贴板上的内容粘贴到目标位置。

4. 重命名文件或文件夹

① 选择需要重命名的文件或文件夹。

② 选择"组织"→"重命名"命令，或者右击，选择快捷菜单中的"重命名"命令。

③ 输入新的名称，按【Enter】键或单击窗口空白位置。

5. 删除和恢复文件或文件夹

（1）文件或文件的删除

① 选定需要删除的文件或文件夹，直接按【Delete】键。

② 选定需要删除的文件或文件夹，选择"组织"或"文件"菜单中的"删除"命令。

③ 右击需要删除的文件或文件夹，选择快捷菜单中的"删除"命令。

④ 直接将需要删除的文件或文件夹拖动到"回收站"图标上。

如果删除的不是硬盘上的对象，则系统会弹出一个"确实要永久地删除此文件吗？"对话框，经确认后将对象物理删除，无法恢复。

如果删除的是硬盘上的对象，则系统会弹出一个"确实要将此文件放入回收站吗？"对话框，经确认后将对象逻辑删除，放入回收站。

如果在删除硬盘上文件或文件夹的同时，按住【Shift】键，则属于物理删除，无法恢复。

（2）文件或文件夹的恢复

① 在执行删除后，立即用"撤销"命令来恢复被删除的文件。

② 在"回收站"窗口，右击需要恢复的文件，在快捷菜单中选择"还原"命令。

③ 在"回收站"窗口，选中需要恢复的文件，单击工具栏中的"还原此项目"按钮。

④ 在"回收站"窗口，将需要恢复的文件直接拖动到目标位置。

6. 文件的搜索

Windows 7 的搜索功能可以在"开始"菜单中直接运行，但这种搜索是对所有的索引文件进行检索，而没有加入索引的文件，则无法搜索到。其实，Windows 7 已经将搜索工具集成到了文件夹窗口的工具栏中，不仅可以随时查找文件，还可以对任意文件夹进行搜索。

7. 剪贴板

剪贴板是 Windows 系统在内存中开辟的临时数据存储区。它的作用是在应用程序或文档之间传递信息的中间存储区。这个存储区可以用于存放通过"复制"或"剪切"操作而存入文本、图像、图形、声音、文件、文件夹等。有关应用程序可以采用"粘贴"命令来取用当前存放在剪贴板中的内容。

提示：按【Print Screen】键可以将整个桌面以图像的形式存入剪贴板。如果按【Alt+Print Screen】组合键则可以将当前窗口或对话框以图像的形式存入剪贴板。

3.3 应用程序的管理

人们为了完成工作和其他的目的，需要在 Windows 7 环境中安装大量的应用程序，有时也需要对已安装的应用程序进行修复、更新或卸载。

3.3.1 应用程序查看和管理

Windows 7 系统提供了简洁高效的程序管理工具"卸载或更改程序"，人们可以在"控制面板"中单击"程序"下方的"卸载程序"，即可打开"卸载或更改程序"窗口，如图 3-3-1 所示，可以查看当前系统中的已安装的应用程序，同时还可以对应用程序进行修复和卸载操作。

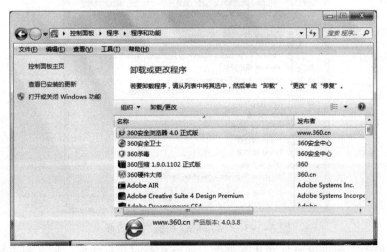

图 3-3-1 "卸载或更改程序"窗口

3.3.2 应用程序的安装

Windows 7 操作系统除了自身提供的一些简单程序外（如记事本、画图等），有时用户往往会根据需要安装其他的一些应用程序，如 WinRAR、Microsoft Office 2013、Photoshop CS6 等。

目前大多数的应用程序都有自带的安装程序，因此安装时一般运行其安装向导文件 "Setup.exe"，然后根据提示完成安装。Windows 7 默认程序安装位置为 "C:\Program Files"，如果是 64 位系统安装 32 位的软件默认安装位置则为 "C:\Program Files (x86)"。

安装完成后程序会在"开始"菜单产生快捷方式，有的程序同时会在桌面也产生快捷方式方便启动该程序。

3.3.3 应用程序的卸载和更新

Windows 7 操作系统对已安装的应用程序也能很方便地卸载或更新，系统所安装的程序都可在图 3-3-1 中看到。如果需要卸载或更新某个程序，只要选中该程序然后单击工具栏中的"卸载/更改"按钮，程序的卸载或更新向导将被启动，然后根据向导进行卸载或更新。

有些应用程序也有自带的卸载程序，可通过"开始"菜单选择该应用程序的卸载程序，图 3-3-2 所示为"腾讯 QQ"自带的卸载程序。

图 3-3-2　自带的卸载程序

3.3.4 打开或关闭 Windows 功能

Windows 7 操作系统自带了很多功能和程序，可以通过图 3-3-1 窗口左侧的"打开或关闭 Windows 功能"选项来管理这些应用程序，如图 3-3-3 所示。

图 3-3-3　"Windows 功能"对话框

在该对话框中，如果需要打开某个程序，选中其前面的复选框；如需关闭某个程序则取消选中该复选框，然后单击"确定"按钮，系统将根据选择打开或关闭相应的程序。

3.4 实用工具应用

Windows 7 操作系统在安装的同时，将一些自带的应用程序也安装到了系统中，例如，记事本、画图、计算器、写字板、截图工具等，它们大多集中在"开始"→"所有程序"→"附件"命令中。另外，还有一些比较实用的工具，如 WinRAR 等，虽然不是 Windows 7 附带的程序，但大多数用户也会将其安装系统中。

3.4.1 记事本

记事本是 Windows 7 操作系统自带的一个非常实用的程序，如图 3-4-1 所示。它是一个基本的文本编辑工具，最常用于查看或编辑文本文件。文本文件是通常由.txt 文件扩展名标识的文件类型。

图 3-4-1 "记事本"窗口

3.4.2 计算器

日常生活中人们经常会用到计算器，Windows 7 系统自然也少不了计算器，如图 3-4-2 所示。我们平常使用的计算器只是能对数字计算，而 Windows 7 计算器功能更加强大，除了简单的加、减、乘、除，还能进行更复杂的数学运算，以及日常生活中遇到的各种计算，是名副其实的"多功能计算器"。它有四种类型计算器："标准型""科学型""程序员""信息统计"。可以通过打开"查看"菜单，利用下拉菜单选择相应的类型。此款计算器还可以进行更复杂的数学运算、数值转换、信息统计，如计算日期、计算燃料经济性、租金或抵押额等。

图 3-4-2 "计算机"窗口

3.4.3 录音机

Windows 7 提供了简单的录音工具"录音机"，如图 3-4-3 所示。单击"开始录制"按钮，对着麦克发声即可记录声音，录制完毕后单击"停止录制"按钮，会弹出"另存为"对话框，输入文件名即可保存，其格式为.wma。

图 3-4-3 "录音机"窗口

3.4.4 WinRAR

WinRAR 是 Windows 版本的 RAR 压缩文件管理器，是一个允许创建、管理和控制压缩文件的强大工具，也是 Windows 系统中常用的压缩软件，它不是 Windows 7 附带的程序，需要安装该软件后才能使用。WinRAR 启动后的界面如图 3-4-4 所示。

图 3-4-4 WinRAR 启动后的界面

如果需要压缩文件，只需右击需要压缩的文件或文件夹，在弹出的快捷菜单中选择相应的命令，如"添加到压缩文件"命令，将弹出"压缩文件名和参数"对话框，然后设置相应的属性以及压缩密码，最后单击"确定"按钮。

如果需要解压文件，只需右击需要解压缩的文件，在弹出的快捷菜单中选择相应的命令，如"解压文件"命令，弹出"解压路径和选项"对话框，然后设置相应的属性，最后单击"确定"按钮。

解压缩文件的另一个方法就是打开压缩文件，将需要释放的文件直接拖至目标即可。

知识拓展：手机操作系统

手机操作系统一般只应用在智能手机上。在智能手机市场上，中国市场仍以个人信息管理型手机为主，随着更多厂商的加入，整体市场的竞争已经开始呈现出分散化的态势。目前应用在手机上的操作系统主要有 Android（谷歌）、iOS（苹果）、Windows Phone（微软）、Symbian（诺基亚）、BlackBerry OS（黑莓）、Windows Mobile（微软）等。

1. iOS

iOS 是由苹果公司开发的手持设备操作系统。苹果公司于 2007 年 1 月 9 日的 Macworld 大会上公布这个系统，以 Darwin（Darwin 是由苹果计算机的一个开放源代码操作系统）为基础，属于类 UNIX 的商业操作系统。2012 年 11 月，根据 Canalys 的数据显示，iOS 已经占据了全球智能手机系统市场份额的 30%，在美国的市场占有率为 43%。

iOS 的产品有如下特点：

① 优雅直观的界面。iOS 创新的 Multi-Touch 界面专为手指而设计。

② 软硬件搭配的优化组合。苹果同时制造 iPad、iPhone 和 iPod Touch 的硬件和操作系统都可以匹配，高度整合使 App（应用）得以充分利用 Retina（视网膜）屏幕的显示技术、Multi-Touch（多点式触控屏幕技术）界面、加速感应器、三轴陀螺仪、加速图形功能以及更多硬件功能。

③ 安全可靠的设计。设计了低层级的硬件和固件功能，用以防止恶意软件和病毒；还设计有高层级的 OS 功能，有助于在访问个人信息和企业数据时确保安全性。

④ 多种语言支持。iOS 设备支持 30 多种语言，可以在各种语言之间切换。内置词典支持 50 多种语言，VoiceOver（语音辅助程序）可阅读超过 35 种语言的屏幕内容，语音控制功能可读懂 20 多种语言。

⑤ 新 UI 的优点是视觉轻盈，色彩丰富，更显时尚气息。Control Center 的引入让操控更为简便，扁平化的设计能在某种程度上减轻跨平台的应用设计压力。

2. Android

Android 英文原意为"机器人"，Andy Rubin 于 2003 年在美国创办了一家名为 Android 的公司，其主要经营业务为手机软件和手机操作系统。谷歌斥资 4000 万美元收购了 Android 公司。Android OS 是谷歌与由包括中国移动、摩托罗拉、高通、宏达和 T-Mobile 在内的 30 多家技术和无线应用的领军企业组成的开放手机联盟合作开发的基于 Linux 的开放源代码的开源手机操作系统。并于 2007 年 11 月 5 日正式推出了其基于 Linux 2.6 标准内核的开源手机操作系统，命名为 Android，是首个为移动终端开发的真正的开放的和完整的移动软件，支持厂商有摩托罗拉、HTC、三星、LG、索尼爱立信、联想、中兴等。

Android 平台最大的优势是开发性，允许任何移动终端厂商、用户和应用开发商加入到 Android 联盟中来，允许众多的厂商推出功能各具特色的应用产品。平台提供给第三方开发商宽泛、自由的开发环境，由此会诞生丰富、实用性好、新颖、别致的应用。产品具备触摸屏、高级图形显示和上网功能，界面友好，是移动终端的 Web 应用平台。

3. Windows Phone

2010 年 10 月微软公司正式发布了智能手机操作系统 Windows Phone，将谷歌的 Android OS 和苹果的 iOS 列为主要竞争对手。

Windows Phone 具有桌面定制、图标拖动、滑动控制等一系列前卫的操作。Windows Phone 8 旗舰机、Nokia Lumia 920 主屏幕通过提供类似仪表盘的体验来显示新的电子邮件、短信、未接来电、日历约会等，让人们对重要信息保持时刻更新。它还包括一个增强的触摸屏界面和最新版本的 IE Mobile 浏览器。

应用 Windows Phone 平台的主要生产厂商有诺基亚、三星、HTC 和华为等公司。

Windows Phone 有以下特点：

① 增强的 Windows Live。

② 更好地利用电子邮件，在手机上通过 OutlookMobile 直接管理多个账号，并使用

Exchange Server 进行同步。

③ Office Mobile 办公套装，包括 Word、Excel、PowerPoint 等组件。缺点是，只能编辑.docx、.pptx 等文件。

④ Windows Phone 的短信功能集成了 LiveMessenger（即 MSN）。

⑤ 在手机上使用 Windows Live Media Manager 同步文件，使用 Windows Media Player 播放媒体文件。缺点是，不支持后台操作、第三方中文输入法，更换手机铃声可用微软自家的 ringtone maker 或酷我音乐（wp8.1）。

本 章 小 结

本章介绍了操作系统的功能，特别是根据目前主流 Windows 操作系统作了一个基本的介绍。并以 Windows 7 为主要的学习平台，介绍了它的操作环境（包括桌面、任务栏、开始菜单、窗口、菜单、对话框等）和帮助系统的应用；重点在于介绍文件和文件夹的管理，特别是资源管理器的应用和针对文件和文件夹的相关操作；对 Windows 应用程序的管理和一系列实用工具的使用也作了一些简要的介绍。

通过本章理论的学习和相应的操作实践，除了了解目前 Windows 操作系统的基础功能外，还应实际掌握如何利用 Windows 7 这个资源管理平台来实现对计算机各类软硬件资源的管理和应用。

另外，针对现阶段移动设备应用的普及，分别介绍了当今应用比较普及的三个手机操作系统，由此让学生对基于 PC 端和手机端的操作系统都能有一定的了解。

本 章 习 题

一、单选题

1. Windows 7 操作系统是一个＿＿＿＿＿＿操作系统。
   A. 单用户、单任务　　　　　　　　　B. 多用户、多任务
   C. 多用户、单任务　　　　　　　　　D. 单用户、多任务

2. 在 Windows 7 中，按 Windows 徽标键将＿＿＿＿＿＿。
   A. 打开选定文件　　　　　　　　　　B. 关闭当前运行程序
   C. 显示"系统"属性　　　　　　　　　D. 显示"开始"菜单

3. ＿＿＿＿＿＿是 Windows 7 推出的第一大特色，它就是最近使用的项目列表，能够帮助用户迅速地访问历史记录。
   A. 跳转列表　　　　　　　　　　　　B. Aero 特效
   C. Flip 3D　　　　　　　　　　　　　D. Windows 家庭组

4. 在 Windows 7 的休眠模式下，系统的状态是＿＿＿＿＿＿的。
   A. 保存在 U 盘中　　　　　　　　　　B. 保存在硬盘中
   C. 保存在内存中　　　　　　　　　　D. 不被保存

5. 若要快速查看桌面小工具和文件夹，而又不希望最小化所有打开的窗口，可以使用

_____功能。

    A. Aero Snap   B. Aero Shake   C. Aero Peek   D. Flip 3D

6. Windows 7 的桌面主题注重的是桌面的_____。

    A. 颜色   B. 显示风格   C. 局部个性化   D. 整体风格

7. 桌面图标实质上是_____。

    A. 程序   B. 文本文件   C. 快捷方式   D. 文件夹

8. 桌面图片可以用幻灯片放映方式定时切换，设置的最关键步骤应该是_____。

    A. 选择图片位置   B. 选择图片主题

    C. 设置图片时间间隔   D. 保存主题

9. 在 Windows 7 中右击某对象时，会弹出_____菜单。

    A. 控制   B. 快捷   C. 应用程序   D. 窗口

10. 在 Windows 7 中文件名不能是_____。

    A. ABc$ B. ABC$*   C. ABc$+&&   D. ABc$+%!

11. Windows 7 系统的文件系统规定_____。

    A. 同一文件夹中的文件可以同名   B. 同一文件夹中子文件夹不可以同名

    C. 同一文件夹中子文件夹可以同名   D. 不同文件夹中的文件不可以同名

12. 如果要调整系统的日期和时间，可以右击_____，然后在弹出的快捷菜单中选择 _____命令。

    A. 桌面空白处   B. 任务栏空白处

    C. 任务栏通知区   D. 通知区日期/时间

13. "开始"菜单在功能布局上，除了右窗格上下各有用户账户按钮和计算机关闭选项 按钮外，主要有三个基本部分，而_____不属于"开始"菜单的基本组成。

    A. 程序列表   B. 任务按钮栏

    C. 搜索框   D. 常用链接菜单

14. Windows 7 中任务栏_____。

    A. 任务栏不能移动   B. 任务栏不能隐藏

    C. 任务栏不能改变大小   D. 任务栏能使用小图标

15. _____是关于 Windows "任务栏"的正确描述。

    A. 显示系统的所有功能

    B. 只显示当前活动程序窗口名

    C. 只显示正在后台工作的程序窗口名

    D. 便于实现程序窗口之间的切换

16. 当一个应用程序的窗口被最小化后，该应用程序将_____。

    A. 继续在桌面运行   B. 仍然在内存中运行

    C. 被终止运行   D. 被暂停运行

17. 在 Windows 系统中，"回收站"的内容_____。

    A. 将被永久保留   B. 不占用磁盘空间

    C. 可以被永久删除   D. 只能在桌面上找到

18. 在清理回收站的下列操作中，_____操作无法将文件从磁盘中彻底删除。

    A. 右击"回收站"图标，从快捷菜单中选择"清空回收站"

    B. 在回收站中选择"文件"→"删除"命令

    C. 在回收站中选择文件后按【Del】键

    D. 在回收站中选择"文件"→"还原"命令

19. 剪贴板的作用是_____。

    A. 临时存放应用程序剪贴或复制的信息

    B. 作为资源管理器管理的工作区

    C. 作为并发程序的信息存储区

    D. 在使用 DOS 时划给的临时区域

20. Windows 操作中，经常用到剪切、复制和粘贴功能，其中粘贴功能的快捷键为_____。

    A.【Ctrl+C】   B.【Ctrl+S】   C.【Ctrl+X】   D.【Ctrl+V】

21. 按_____组合键，可以将当前窗口全部复制到剪贴板中。

    A.【Ctrl+Print Screen】   B.【Alt+Print Screen】

    C.【Print Screen】   D.【Alt+Ctrl+Print Screen】

22. 在 Windows 7 的下列操作中，不能创建应用程序快捷方式的操作是_____。

    A. 直接拖动应用程序到桌面   B. 在对象上右击

    C. 用鼠标右键拖动对象   D. 在目标位置单击

23. 在资源管理器窗口中，若要选定连续的几个文件或文件夹，可以在选中第一个对象后，用_____键 + 单击最后一个对象完成选取。

    A.【Tab】   B.【Shift】   C.【Alt】   D.【Ctrl】

24. 在 Windows 7 的资源管理器窗口中，利用导航窗格可以快捷地在不同的位置之间进行浏览，但该窗格一般不包括_____部分。

    A. 收藏夹   B. 库   C. 计算机   D. 网上邻居

25. 在资源管理器上，用鼠标左键将应用程序文件拖动到桌面的结果是_____到桌面。

    A. 复制该程序文件   B. 移动该程序文件

    C. 生成快捷方式   D. 没任何内容

26. 关于库功能的说法，下列错误的是_____。

    A. 库中可添加硬盘上的任意文件夹

    B. 库中文件夹中的文件保存在原来的地方

    C. 库中添加的是指向文件夹的快捷方式

    D. 库中文件夹里的文件被彻底移动到库中

27. _____是关于 Windows 的文件类型和关联的不正确说法。

    A. 一种文件类型可不与任何应用程序关联

    B. 一个应用程序只能与一种文件类型关联

    C. 一般情况下，文件类型由文件扩展名标识

    D. 一种文件类型可以与多个应用程序关联

28. _____操作系统只能使用命令输入方式。

    A. DOS   B.（Macintosh）操作系统

    C. Microsoft Windows XP   D. Microsoft Windows 2000

29. 计算机使用一段时间后，磁盘空间会变得零散，可使用_____工具进行整理。

    A. 磁盘空间管理   B. 磁盘清理程序

    C. 磁盘扫描程序   D. 磁盘碎片整理

30. Windows 8 中_____取代了原来 Windows "开始" 菜单的功能。

    A. 开始屏幕   B. 磁贴   C. 超级按钮   D. 设置

二、填空题

1. Windows 7 的桌面主要包括桌面背景、桌面图标、"开始" 按钮和_____等。

2. _____界面是 Windows 7 中的全新图形界面，其特点是透明的玻璃图案中带有精致的窗口动画和新窗口颜色。

3. 在 Windows 7 桌面上可以按下列三种方式之一自动排列当前打开着的窗口，即_____窗口、堆叠显示窗口、并排显示窗口。

4. 在 Windows 7 中，将文件类型与一个应用程序设置_____以后，可以默认使用指定的应用程序打开该类型的文件。

5. 在 Windows 7 中，很多可用来设置计算机各项系统参数的功能模块集中在_____上。

6. 在 Windows 7 中，各个应用程序之间可通过_____交换信息。

7. 在 Windows 7 的睡眠模式下，系统的状态是保存在_____中的。

8. 在操作系统中，每个文件都有一个属于自己的文件名，文件名的格式是 "主文件名._____"。

9. 按_____可以将整个屏幕的界面录入剪贴板。

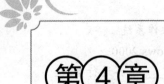

→ Microsoft Office 2010 的应用

Microsoft Office 是微软公司开发的一套基于 Windows 操作系统的办公软件。常用组件有 Word、Excel、PowerPoint、Access、OneNote、Outlook、Publisher 等。随着移动互联网的发展，微软正式发布了基于 iPad、iPhone 和 Android 版的免费 Office 套件。

虽然面临 WPS Office 等办公软件的竞争，但在大多数场合使用比较广泛的还是 Microsoft Office，目前 Microsoft Office 2010 版的使用率比较高，本章主要介绍该版本套装软件中的 Word、Excel、PowerPoint 的主要功能，并结合实例介绍它们的应用。

4.1　文字处理软件

Microsoft Word 2010 是 Microsoft 公司开发的 Microsoft Office 2010 办公组件之一，主要用于文字处理工作。它提供了世界上最出色的文字处理功能，其增强后的功能可创建专业水准的文档，可以很轻松地与他人协同工作并可在任何地点访问相关文件。Word 2010 旨在向用户提供最上乘的文档格式设置工具，利用它还可更轻松、高效地组织和编写文档。

4.1.1　文档的基本操作

随着 Microsoft Office 版本的不断提高，Word 2010 较以前的版本在功能上有了很大的增强，界面也非常友好，但对于熟悉 Word 2003 的使用者来说需要有一个重新学习的过程，特别是对界面的熟悉。

1. Word 窗口界面

Microsoft Office 2010 版的程序窗口界面较之前的版本有着显著的变化，其中 Word 2010 的界面和操作方式也发生了很大的变化，图 4-1-1 所示为 Word 2010 的窗口。

（1）标题栏

标题栏位于窗口的最上面，用来标注文档的标题名称，在标题栏上右击，会打开控制菜单。用户使用这个菜单可以移动、最小化、最大化程序窗口和关闭程序等。

（2）快速访问工具栏

在默认情况下，快速访问工具栏位于标题栏的左侧，快速访问工具栏是一个可自定义的工具栏，它包含一组独立于当前显示的功能区的选项卡命令（见图 4-1-2）。用户可以向快速访问工具栏中添加代表命令的按钮，并且可以移动快速访问工具栏。

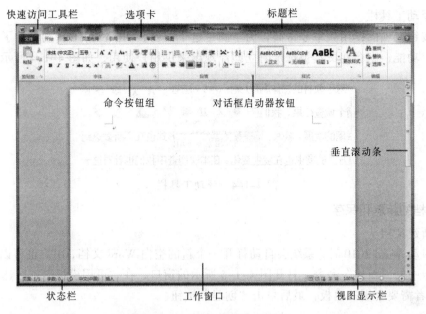

图 4-1-1　Word 2010 的窗口

图 4-1-2　快速访问工具栏下拉列表

（3）选项卡

选项卡将一类功能组织在一起，方便用户选用。选项卡位于标题栏下方，其中包括若干个组，如图 4-1-3 所示。

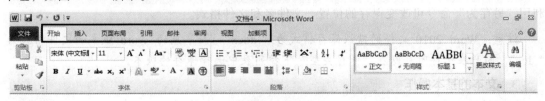

图 4-1-3　选项卡

（4）浮动工具栏

有些按钮选项的使用频率非常高，为了满足这个需要，Office 2010 特别设计了一个"浮动工具栏"功能，它会在文本被选定时立即浮现出来供用户使用，如图 4-1-4 所示。

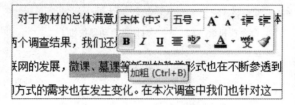

图 4-1-4　浮动工具栏

2. 文档的新建和保存

（1）新建文档

每次启动 Word 2010 时，系统会自动打开一个新的空白 Word 文档，用户也可以选择"文件"选项卡中的"新建"命令，打开图 4-1-5 所示的窗口，在"可用模板"选区选择"空白文档"，或者需要套用的模板，最后单击"创建"按钮。

图 4-1-5　新建文档窗口

（2）保存文档

利用"文件"选项卡中的"保存"命令可将编辑后的文件直接以原文件名和原位置保存，利用"另存为"命令可改变保存的位置、文件名和文件格式。

注意：Word 2010 文件的默认保存格式为".docx"，而早期的 Word 版本的文件格式为".doc"，因此在保存时可以在"保存类型"下拉列表中选择保存的版本。

3. 文本的基本操作

（1）输入文本

单击要插入文本的位置，即可在插入点后输入文本，输入文本时会自动换行。每按一次

【Enter】键便插入一个段落标记，文档即可另起一段。段落标记标志一个段落的结束。如果按【Shift+Enter】组合键，可强行插入分行符，但并不分段。

（2）输入特殊符号

通常情况下，文档中除了包含一些汉字和标点符号外，还会包含一些特殊符号，有些符号可以通过输入法自带的软键盘来输入（见图4-1-6），但是有些符号软键盘也无法输入，可以使用"插入符号"功能来输入所需的符号。

方法：选择"插入"选项卡，在"符号"组中单击"符号"按钮，在弹出的下拉列表中选择要插入的特殊符号，通过"其他符号"选项，打开"符号"对话框（见图4-1-7），在该对话框中选择需要插入的符号，直接双击或选定后单击"插入"按钮即可。

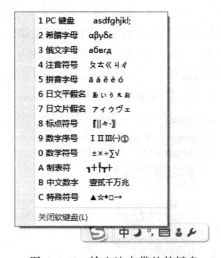

图 4-1-6 输入法自带的软键盘

图 4-1-7 "符号"对话框

（3）插入日期和时间

在 Word 文档中需要输入日期和时间时，可以用键盘直接输入，如"2012年3月10日"，也可以在"插入"选项卡的"文本"组中选择"日期和时间"来插入固定的日期或时间，或者以数据域的形式插入当前使用的日期和时间，如图4-1-8所示。

图 4-1-8 "日期和时间"对话框

（4）选定文本

根据 Windows"先选定，后操作"的特点，要进行文本的编辑，必须先选定文本，常用的选定文本的方法有：

① 要选定一个词，可以双击该词。

② 要选定一段，可以在段落中三击鼠标，或双击该段落左侧的文本选定区。

③ 要选定一行，可以单击该行左侧的文本选定区。

④ 要选定文本的任一部分，可先定位于文本开始位置，然后拖动鼠标或按住【Shift】键结合方向键移到结束位置。也可以插入点先定位于开始位置，按住【Shift】键的同时单击结束位置。

⑤ 要选定整个文档，可以三击文本选定区，或者按【Ctrl+A】组合键。

⑥ 按住【Ctrl】键的同时拖动鼠标，可以选择不连续的文本。

（5）复制或移动文本

复制和移动文本的方法主要有两种：一种方法是选定内容后用鼠标直接将其拖动到目标位置来完成移动，或按住【Ctrl】键拖动完成文本复制。另一种方法就是通过剪贴板。

Word 2010 的剪贴板最多可存放 24 个对象，可以通过单击"开始"选项卡"剪贴板"组（见图 4-1-9）右下角的对话框启动器按钮打开"剪贴板"任务窗格（见图 4-1-10）。

图 4-1-9　"剪贴板"组　　　图 4-1-10　"剪贴板"任务窗格

通过剪贴板进行复制、剪切和粘贴的操作，可以在选定内容的前提下，使用"开始"选项卡"剪贴板"组中的按钮，或者右击，在弹出的快捷菜单中选择相关命令，也可以使用【Ctrl+C】【Ctrl+X】【Ctrl+V】组合键来完成。

Word 2010"剪贴板"组的"粘贴"按钮分上、下两部分，单击上半部分则直接粘贴，单击下半部分则打开"粘贴选项"列表（见图 4-1-11），在列表中可以选择粘贴对象的方式：保留原格式、合并格式、只保留文本，将鼠标指针悬停在某个选项上可以看到粘贴的效果。

（6）撤销和恢复

在编辑文档时，一旦操作失误，可以用快速访问工具栏中的"撤销"和"恢复"按钮来撤销和恢复前面的操作步骤。多次单击"撤销"按钮，可以一个一个地撤销之前的操作。与"撤销"相反，"恢复"操作可以将已撤销的操作恢复回来。

（7）查找和替换

查找和替换是字处理程序中一个非常有用的功能。Word允许对文字甚至文档的格式进行查找和替换，使查找和替换的

图 4-1-11　"粘贴选项"列表

功能更加强大有效。

① 简单的替换：单击"开始"选项卡"编辑"组中的"替换"按钮，打开"查找和替换"对话框，如图 4-1-12 所示。在"查找内容"文本框中输入要查找的内容，在"替换为"文本框中输入要替换的内容，单击"替换"或"全部替换"按钮即可。

② 复杂的替换：在"查找和替换"对话框中单击"更多"按钮，展开该对话框，如图 4-1-13 所示。利用下方的"格式"按钮来设置查找或替换对象的格式；利用"特殊格式"按钮选择一些特殊格式进行查找或替换；利用"不限定格式"可撤销设置的格式。

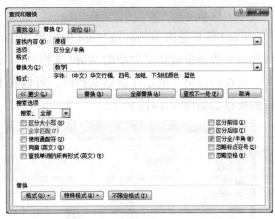

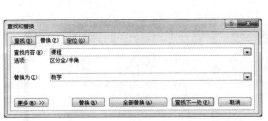

图 4-1-12　"查找和替换"对话框　　　　图 4-1-13　展开的"查找和替换"对话框

4. 文档的打印和预览

在 Word 2010 中的页面设置、打印预览和打印是通过选择"文件"选项卡中的"打印"按钮，如图 4-1-14 所示，在右侧可以预览打印的效果，在中间可以设置有关打印的选项，包括打印份数、打印机选择、页面设置等。

图 4-1-14　打印预览和打印

4.1.2 文档格式的编排

Word 2010 在文档格式的编排方面较以前的版本有了一定的改进和增强，文档格式的编排一般是根据字符、段落和页面三个层次进行的。

1. 模板和样式

模板、样式和格式刷是 Word 中快速设置格式的工具，不论是针对文字、段落还是全文都能使用，从而可以提高文档格式编排的效率。

（1）模板

Word 模板是指 Microsoft Word 中内置的包含固定格式设置和版式设置的模板文件，用于帮助用户快速生成特定类型的 Word 文档。

模板的选用一般是在新建文档时，可以在本地可用模板列表或 Office.com 网站上选择相应的模板，如图 4-1-15 所示。

图 4-1-15　利用模板新建文档

模板也是一种文档，扩展名是 .dotx，Word 2010 默认空白文档模板的文件名为 Normal.dotm。除了默认的空白文档模板之外，Word 2010 中还内置了多种文档模板，如博客文章模板、书法字帖模板等。另外，Office 网站还提供了证书、奖状、名片、简历等特定功能模板。借助这些模板，用户可以创建比较专业的 Word 2010 文档。

（2）样式

Word 样式是指事先命名了的字符和段落的格式。通过直接套用样式来减少格式设置和重复操作，提高排版效率和质量。

样式的套用可以先选定需要定义样式的文本或段落。然后选择"开始"选项卡"样式"组样式列表框中的某个样式，如图 4-1-16 所示，在选择时还能实时预览效果。

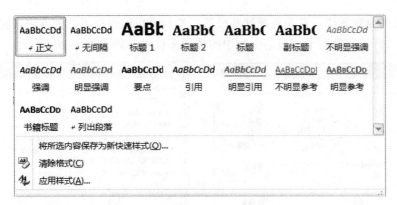

图 4-1-16　样式列表

Word 样式除了可以直接套用已有的样式以外，也可以根据需要更改样式或新建样式。

（3）格式刷

格式刷实际上是一个用来快速设置格式的工具。利用格式刷可以给文档中大量的内容重复添加相同的格式，从而减少排版时的重复劳动。

使用时可以先选定具有某种格式的文本或段落，然而使用"开始"选项卡"剪贴板"组中的"格式刷"按钮（见图 4-1-9）来选择需要复制格式的文本或段落。如果单击"格式刷"按钮，则复制格式一次；若双击该按钮则可以多次复制该格式，从而实现重复的文本和段落格式的快速编辑。

2. 字符格式

对字符格式的设置决定了字符在屏幕上或打印时的形式。字符格式包括字体、字号、颜色、效果、边框、底纹等。

字符格式的设置方法：首先选定需要设定格式的字符，然后通过以下几种方法来完成设置。

① 利用"开始"选项卡"字体"组中的选项来设置，如图 4-1-17 所示。

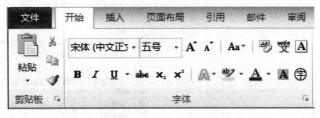

图 4-1-17　"字体"组

② 单击"开始"选项卡"字体"组右下角的对话框启动器按钮，打开"字体"对话框，利用该对话框可以从"字体""高级"两个选项卡来设置，如图 4-1-18 和图 4-1-19 所示。

③ 利用选定文本后出现的浮动工具栏来完成设置。

④ 使用"开始"选项卡"样式"组中现成的样式。

3. 段落格式

在 Word 中，每次只要按一次【Enter】键，就会产生一个新的段落。每个段落的结尾处有一个表示段落结束的段落标记。段落格式包括缩进和间距、对齐方式等。

段落格式的设置方法：首先选择这些段落，然后可以通过以下几种方法来完成设置。

① 利用"开始"选项卡"段落"组中的选项来设置，如图 4-1-20 所示。

图 4-1-18 "字体"选项卡

图 4-1-19 "高级"选项卡

② 单击"开始"选项卡"段落"组右下角的对话框启动器按钮，打开"段落"对话框，利用该对话框可以从缩进和间距、换行和分页、中文版式三个方面来设置，如图 4-1-21 所示。在该对话框中主要可以设置左右缩进、段落间距、行间距、首行缩进、悬挂缩进、对齐方式等。

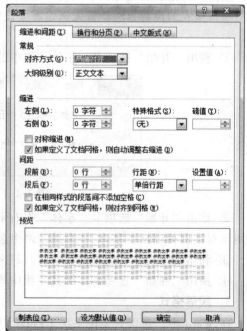

图 4-1-21 "段落"对话框

图 4-1-20 "段落"组

③ 利用水平标尺也可以很方便地设置左缩进、右缩进、首行缩进、悬挂缩进等。

④ 选择"开始"选项卡"样式"组中现成的样式。

4. 项目符号和编号

项目符号是在一些段落的前面加上完全相同的符号，又称无序列表，而编号则表示有序列表，按照大小顺序为文档中的段落添加编号。

项目符号：选择"开始"选项卡，在"段落"组中单击"项目符号"右侧的按钮，打开"项目符号"下拉列表。在"项目符号"下拉列表中选择图标，也可以自定义图标，如图 4-1-22 所示。

编号：选择"开始"选项卡，在"段落"组中单击"编号"右侧的按钮，打开"项目编号"下拉列表，从中选择自己的需要选择编号格式，也可以自定义编号，如图 4-1-23 所示。

图 4-1-22　"项目符号"下拉列表　　　　图 4-1-23　"项目编号"下拉列表

5. 首字下沉

在很多报纸、杂志上，有些文章的第一个字很大、很醒目，这就是首字下沉的效果。

创建首字下沉的方法：将插入点放在需要设置首字下沉的段落中，或选中段落开头的多个字符。在"插入"选项卡的"文本"组中单击"首字下沉"按钮，然后在下拉列表中选择所需要的选项，如图 4-1-24 所示。通过"首字下沉选项"可以打开图 4-1-25 所示的对话框，设置字体、下沉行数和距离即可。

图 4-1-24　"首字下沉"下拉列表　　　　图 4-1-25　"首字下沉"对话框

6. 分栏设置

同样很多报纸、杂志将版面设置成分栏的效果，使版面更美观、阅读更方便。

创建分栏的方法：选中要设置的文本，在"页面布局"选项卡的"页面设置"组中单击"分栏"按钮，在弹出的下拉列表中选择所要分的栏数，选择"更多分栏"选项，打开图4-1-26所示的"分栏"对话框，根据需要来设置相关的分栏属性。

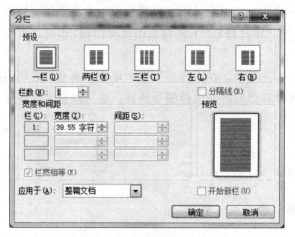

图4-1-26　"分栏"对话框

7. 边框与底纹

利用"段落"组"底纹"下拉按钮中的颜色可以给选定的文字添加底纹，利用"边框"下拉列表中的边框线可以给选定的文字或段落添加所需的边框。

边框和底纹的个性化设置可以通过选择"边框"下拉列表中的"边框和底纹"选项，打开"边框和底纹"对话框，如图4-1-27所示。

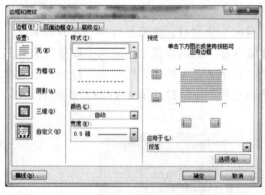

（a）"边框"选项卡

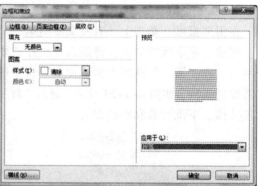

（b）"底纹"选项卡

图4-1-27　"边框和底纹"对话框

8. 制表位的设置

制表位是段落格式的一部分，它决定了每当按【Tab】键时插入点移动的距离，并且影响使用缩进按钮时的缩进位置。单击"段落"对话框左下方的"制表位"按钮，打开"制表位"对话框，可精确设定制表位的位置和种类，也可以直接在标尺上设定制表位。

9. 页眉和页脚的设置

页眉是位于版心上边缘与纸张边缘之间的图形或文字，而页脚则是版心下边缘与纸张边缘之间的图形或文字。常常用来插入标题、页码、日期等文本，或公司徽标等图形、符号。可根据自己的需要，对页眉和页脚进行设置。例如插入页码、插入图片对奇数页和偶数页进行不同的页眉和页脚设置等。

在"插入"选项卡的"页眉和页脚"组中单击"页眉"或"页脚"按钮，在弹出的列表中选择"编辑页眉"或"编辑页脚"选项，Word 会自动弹出"页眉和页脚工具/设计"选项卡，利用该选项卡中的选项可以方便地创建或查看页眉和页脚，如图 4-1-28 所示。

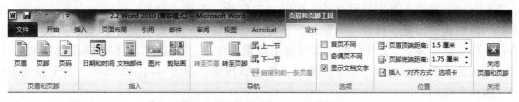

图 4-1-28 "页眉和页脚工具/设计"选项卡

10. 页面背景

页面背景包括水印、页面颜色和页面边框三方面内容。可以通过"页面布局"选项卡"页面背景"组中的三个选项来实现，如图 4-1-29 所示。

11. 页面设置

页面设置包括设置文字方向、页边距、纸张方向、纸张大小、分栏、分隔符等内容，可以通过"页面布局"选项卡"页面设置"组中的相应命令来实现，如图 4-1-30 所示，也可以单击"页面设置"组右下角的对话框启动器按钮，打开图 4-1-31 所示的"页面设置"对话框进行设置。

图 4-1-29 "页面背景"组

图 4-1-30 "页面设置"组

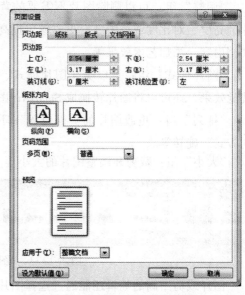

图 4-1-31 "页面设置"对话框

4.1.3 对象的插入与设置

在制作 Word 文档时，为了使文档内容更加丰富，更加有表现力，表述其作用和目的时能更加直观，通常需要在文档中插入相关的图片、剪贴画、SmartArt 图形、艺术字、表格和图表等，使文档图文并茂。

1. 插入剪贴画

Word 2010 附带了一个非常丰富的剪贴画库。但如果 Office 安装不完整，可能无法使用剪贴画。

插入方法：将插入点定位到要插入剪贴画的位置，选择"插入"选项卡，在"插图"组中单击"剪贴画"按钮，打开"剪贴画"任务窗格。在"搜索文字"文本框中输入需要查找的内容（如商务），单击"搜索"按钮即可弹出搜索的结果。当鼠标指针移到某个剪贴画上时，在该剪贴画的右侧将会出现一个下拉按钮，单击该按钮，如图 4-1-32 所示，在下拉列表中选择"插入"选项。

2. 插入图片文件

选择"插入"选项卡，在"插图"组中单击"图片"按钮，在打开的"插入图片"对话框中选择来自本地计算机或其他位置的图片，单击"插入"按钮即可。

Word 2010 中插入的剪贴画和图片的默认格式是"嵌入型"，插入图片和剪贴画后会自动显示"图片工具/格式"选项卡，如图 4-1-33 所示。通过各个组中的选项来编辑图片。

"调整"组：可以删除图片不需要的背景，改善图片的亮度、对比度或清晰度，更改颜色提高质量或匹配文档内容，添加艺术效果等。

"图片样式"组：可以美化图片样式、边框、各种视觉效果，还可以将图片转换成 SmartArt 图形。

"排列"组：更改图片的页面位置、环绕方式、排列方式、旋转等。

"大小"组：裁剪和调整图片的大小等。

图 4-1-32 "剪贴画"任务窗格

图 4-1-33 "图片工具/格式"工具栏

图片或剪贴画的编辑还能通过选择图片右键快捷菜单中的"大小和位置"和"设置图片格式"命令，在打开的对话框中进行编辑，如图 4-1-34 和图 4-1-35 所示。

图 4-1-34 "布局"对话框

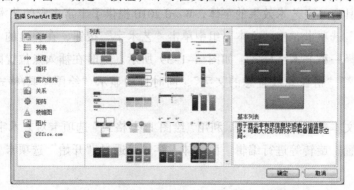

图 4-1-35 "设置图片格式"对话框

3. 插入 SmartArt

Word 2010 提供了一种具有强大绘图功能的 SmartArt 图形，SmartArt 图形是信息和观点的视觉表示形式，能够快速、轻松、有效地传达信息。

选择"插入"选项卡，在"插图"组中单击"SmartArt"按钮，打开"选择 SmartArt 图形"对话框，如图 4-1-36 所示。在左侧的列表中选择一种类型，在中间的列表框中选择一种层次布局结构图，单击"确定"按钮，即可在文档中插入选择的层次布局结构图。

图 4-1-36 "选择 SmartArt 图形"对话框

要在插入的层次布局结构图中输入文本，可以直接单击结构图内的"文本"字样，然后输入文本，也可以单击该结构图左侧的下拉按钮，在弹出的文本窗口中输入文本。

要更改 SmartArt 图形的样式，可以在"SmartArt 工具/设计"选项卡"SmartArt 样式"组中更改颜色或样式，在"SmartArt 工具/格式"选项卡中可以更改其形状样式。

4. 插入形状

Word 文档支持的基本图形类型包括形状、SmartArt、图表、图片和剪切画。其中，形状又包括线条、矩形、基本形状、箭头总汇、公式形状、流程图、星与旗帜和标注。

选择"插入"选项卡，在"插图"组中单击"形状"按钮，弹出图 4-1-37 所示的"形状"下拉列表，从中选择一种形状。此时鼠标指针变成十字形状，在需要插入图形的位置按住鼠标左键并拖动，直至对图形的大小满意后松开鼠标左键。

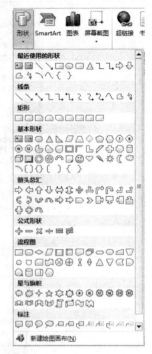

图 4-1-37 "形状"下拉列表

形状的默认布局方式是"浮于文字上方"，插入形状后会自动显示"绘图工具/格式"选项卡，在此可以调整自选图形的填充、轮廓、效果等样式，以及大小和排列方式等，或插入文本和形状，如图 4-1-38 所示。

图 4-1-38 "绘图工具/格式"选项卡

5. 插入艺术字

艺术字是指具有一定艺术效果的字体，Word 2010 提供了丰富多彩的艺术字效果。

选择"插入"选项卡，在"文本"组中单击"艺术字"按钮，在弹出的"艺术字样式"下拉列表框中选择一种艺术字样式，如图 4-1-39 所示。这时在插入点位置附近将出现该艺术字格式的占位符"请在此放置您的文字"，同时自动显示"绘图工具/格式"选项卡，如图 4-1-40 所示。

输入所需的文本覆盖文本占位符，利用"绘图工具/格式"选项卡对艺术字的样式、填充、轮廓、效果、位置、旋转等进行编辑。而字体、字号等通过"开始"选项卡"字体"组进行设置。

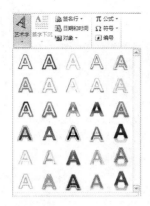

图 4-1-39　"艺术字样式"下拉列表框

图 4-1-40　"绘图工具/格式"选项卡和艺术字位符

6. 插入文本框

文本框实际上也是一种图形对象。它作为存放文本或图形的容器，可以放置在页面的任何位置上，并可随意调整它的大小。

选择"插入"选项卡，在"文本"组中单击"文本框"按钮，弹出图 4-1-41 所示的下拉列表，一方面可以直接选取内置的文本框样式，另一方面可以手工绘制横排或竖排的文本框，甚至还可以将选中的文本添加到文本框中。

图 4-1-41　"文本框"下拉列表

文本框的默认布局方式是"浮于文字上方"，插入后会自动显示"绘图工具/格式"选项卡，在此可以像调整自选图形一样来设置文本框的各种样式。而字体、字号等通过"开始"选项卡"字体"组进行设置。

7. 插入数学公式

在 Word 2010 中提供了很多内置常用的公式模板，较以往的版本有了很大的改进。

选择"插入"选项卡，在"符号"组中单击"公式"下拉按钮，弹出图 4-1-42 所示的下拉列表中，可以直接选取内置的文本框样式，也可以输入自定义公式（相当于直接单击"公式"按钮上方），另外还可以从网站上下载更多的公式模板。

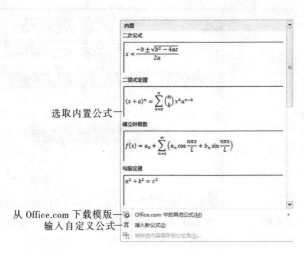

选取内置公式——

从 Office.com 下载模版——
输入自定义公式——

图 4-1-42 "公式"下拉列表

当选择输入自定义公式时，在文档中会自动插入一个"在此处键入公式"编辑框，同时自动显示"公式工具/设计"选项卡，如图 4-1-43 所示。该选项卡中包含了大量的数学结构和数学符号，直接单击上面的结构和符号，就可将它们插入到编辑框中。公式输入完成后，在空白处单击即可。

图 4-1-43 "公式工具/设计"选项卡和公式编辑框

4.1.4 表格的插入与设置

在使用 Word 文档的过程中，有时需要创建表格，表格是由水平的行和垂直的列组成的，行与列交叉形成的方框称为单元格。

1. 表格的创建

将插入点定位于要创建表格的位置。单击"插入"选项卡"表格"组中的"表格"按钮，弹出图 4-1-44 所示的下拉列表。

① 利用鼠标选择若干个网格来创建一个规则的表格，可以插入最多 8 行 10 列的表格。

② 选择"插入表格"选项，打开图 4-1-45 所示的对话框来创建一个规则的表格。

③ 选择"绘制表格"选项，可以利用鼠标绘制一个不规则的表格，如图 4-1-46 所示。

图 4-1-44 "插入表格"下拉列表　　　图 4-1-45 "插入表格"对话框

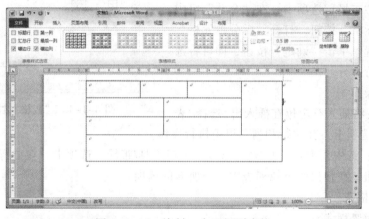

图 4-1-46 绘制一个不规则表格

2. 表格的编辑

创建表格后 Word 2010 会自动显示"表格工具/设计"和"表格工具/布局"两个选项卡，如图 4-1-47 所示。"表格工具/设计"选项卡侧重于表格的格式，"表格工具/布局"选项卡侧重于表格的修改。

（a）"表格工具/设计"选项卡

（b）"表格工具/布局"选择卡

图 4-1-47 "表格工具"选项卡

（1）选择表格

将插入点定位在表格任一单元格，在表格的左上角会出现一个全选按钮，单击即可选中整个表格。或者单击"表格工具/布局"选项卡"表"组中的"选择"按钮，在弹出的下拉列表中，可以分别选择插入点所在单元格、行、列或整个表格。

（2）表格属性更改

选中表格后右击，在弹出的快捷菜单中选择"表格属性"命令，或者单击"表"组中的"属性"按钮，打开图 4-1-48 所示的"表格属性"对话框，在此对话框中可以更改表格、行、列、单元格的属性。

（3）单元格操作

合并单元格：选择要合并的单元格，选择"表格工具/布局"选项卡，在"合并"组中单击"合并单元格"按钮即可。

拆分单元格：选择要拆分的单元格，选择"表格工具"下的"布局"选项卡，在"合并"组中单击"拆分单元格"按钮，打开"拆分单元格"对话框进行设置，单击"确定"按钮，即可将选中的单元格进行拆分。

（4）行列操作

添加行/列：将插入符定位在插入出，选择"表格工具/布局"选项卡，在"行和列"组中执行操作。

图 4-1-48　"表格属性"对话框

删除行/列：选中要删除的行/列，选择"表格工具/布局"选项卡，在"行和列"组中单击"删除"按钮，在弹出的下拉列表中选择所需的选项。

3. 表格的格式

（1）套用内置样式

选中表格，选择"表格工具/设计"选项卡，在"表格样式"组中选择要使用的表格样式，即可将该样式套用到表格上。

（2）边框和底纹

选中表格或单元格，选择"表格工具/设计"选项卡，在"表格样式"组中选择"底纹"或"边框"项，在弹出的下拉列表中设置底纹颜色和边框样式，也可以在"绘图边框"组中单击对话框启动器按钮，在打开的图 4-1-49 所示的对话框中设置边框和底纹。

图 4-1-49　"边框和底纹"对话框

4. 表格的排序与计算

在 Word 表格中，可以依照某列对表格进行排序，对数值型数据还可以按从小到大或从大到小的不同方式排列顺序。此外，利用表格的计算功能，还可以对表格中的数据执行一些简单的运算，如求和、求平均值、求最大/小值等。

（1）排序

将插入符置于要进行排序的表格中，单击"表格工具/布局"选项卡"数据"组中的"排序"按钮，打开图 4-1-50 所示的"排序"对话框，选择排序的关键字和排序依据，最后单击"确定"按钮。

（2）计算

将光标置于存放计算结果的单元格中，选择"表格工具/布局"选项卡，在"数据"组中单击"公式"按钮，打开图 4-1-51 所示的"公式"对话框。在"公式"文本框中输入公式（如=SUM(LEFT)），选择编号格式，最后单击"确定"按钮即可。

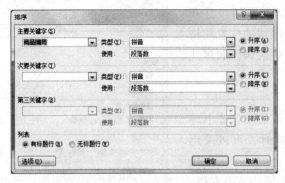

图 4-1-50 "排序"对话框   图 4-1-51 "公式"对话框

4.1.5 文档的高级应用

1. 文档目录的生成

目录通常是文档不可缺少的一部分，目录的作用是列出文档中的各级标题以及每个标题所在的页码。一般情况下，所有正式印刷出版的书刊都有一个目录，因此，编排目录就成为长文档编辑中一项非常重要的工作。

要生成文档目录，首先要将文档中的各级标题文本预先设置好各级标题样式。然后单击"引用"选项卡"目录"组中的"目录"按钮，打开图 4-1-52 所示的下拉列表，从中可以选择"手动目录""自动目录 1""自动目录 2"三种内置目录样式。选择下方的"插入目录"选项，打开图 4-1-53 所示的"目录"对话框，可以根据需要自定义目录格式。

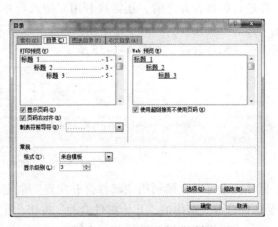

图 4-1-52 "目录"下拉列表   图 4-1-53 "目录"对话框

2. 脚注和尾注

脚注和尾注用于给文档添加注释、说明或提供一些必要的参考资料。脚注一般位于页面的底部，而尾注一般位于文档的结尾。脚注和尾注由注释引用标记和注释文本组成。

将光标移动到文档中需要添加注释的位置。单击"引用"选项卡"脚注"组中的"插入脚注"按钮或"插入尾注"按钮，插入点会自动定位到文档底部或文档尾部，然后输入脚注和尾注的内容。

单击"脚注"组右下角的对话框启动器按钮，打开图 4-1-54 所示的对话框来自定义脚注和尾注的位置和格式。要删除脚注和尾注，只需要删除文档中的脚注和尾注标记即可。

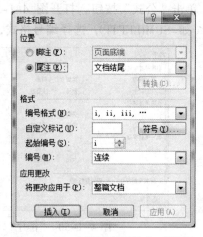

图 4-1-54　"脚注和尾注"对话框

3. 邮件合并

有时需要批量制作邀请函、信封、会议通知、证书等主体内容相同，只有局部对象不同的文档时，可以采用 Word 的邮件合并功能。进行邮件合并的文档由一个主文档和一个数据源组成。主文档就是主体内容相同的一个文档，而数据源中包含了需要变化的信息，可以是 Word 中的表格、Excel 表格、Access 数据库等。当主文档和数据源合并后，能够用数据源中相应的信息代替主文档中的对应域，生成合并文档。

（1）创建主文档

在进行邮件合并时，首先需创建一个主文档，如果创建的是信封和标签，可在图 4-1-55 所示"邮件"选项卡"创建"组中选择信封或标签的创建模板；如果是其他文档，可以像创建普通文档一样来创建一个主文档。

（2）选择数据源

单击"邮件"选项卡"开始邮件合并"组的"选择收件人"按钮，在其下拉列表中可以利用"键入新列表"来创建一个新的数据源，也可以利用"使用现有列表"来选择一个已有的数据源。

（3）进行邮件合并

在进行邮件合并之前，还需要利用"插入合并域"的方法，将数据源中的相关字段插入到主文档的指定位置，然后单击"预览结果"按钮来预览合并效果，最后单击"完成并合并"按钮，完成邮件合并，如图 4-1-55 所示。

图 4-1-55　"邮件"选项卡

另外，也可以直接利用"邮件合并向导"来完成整个邮件合并。即单击"邮件"选项卡"开始邮件合并"组中的"开始邮件合并"按钮，在弹出的下拉列表中选择"邮件合并分布向导"选项，根据向导提示进行邮件合并的操作。

4.审阅

（1）自动更新功能

自动更新就是自动修改用户输入文字或符号时的错误，通过设置一些选项，Word 就会自动检查用户的输入并修改一些特定的错误。

设置自动更正的操作步骤：选择要进行更正的文字，选择"文件"选项卡中的"选项"命令，在弹出的"Word 选项"对话框中选择"校对"选项卡，在"自动更正选项"选项区域中单击"自动更正选项"按钮，在弹出的"自动更正"对话框中选择"自动更正"选项卡即可。

（2）字数统计功能

在文档输入内容时，Word 将自动统计文档中的页数和字数，并将其显示在工作窗口底部的状态栏上。如果在状态栏中看不到字数统计，请右击状态栏，在弹出的快捷菜单中选择"字数统计"命令即可。

（3）修订

修订可以使审阅者在修改文档时突显所有修改之处，用户可以根据需要设置修订项标记。单击"审阅"选项卡"修订"组的"修订"按钮，当前文档将进入修订状态，进入修订状态后对文档所做的修改将被 Word 所记录。

（4）批注

审稿人可通过在相关位置添加批注的形式提出自己的修改意见或建议。要插入批注，可以首先选择对象或插入点定位，然后单击"审阅"选项卡"批注"组的"新建批注"按钮，在页面右侧添加一个批注区，并自动生成一个以当前用户名进行批注的批注框。

（5）更改

文档的原作者可以通过"审阅"选项卡"更改"组中的"接受"和"拒绝"按钮来选择对于修订或批注内容的接受与否。

（6）显示编辑

文档作者可以单击"审阅"选项卡"保护"组中的"限制编辑"按钮，打开"限制和格式和编辑"任务窗格，限定有权修改文档的用户以及可以修改的类型、格式等，以避免不必要的修订和批注。

4.2　电子表格处理软件

电子表格软件是用来解决日常生活、学习、工作中的各种计算问题。Microsoft Excel 电子表格是微软办公套装软件 Office 的一个重要的组成部分，它可以进行各种数据的处理、统计分析、图表分析和辅助决策操作，广泛地应用于生产管理、统计核算、金融等众多领域。本节以 Excel 2010 为例，简单讲解 Excel 的一些基本知识和操作。

4.2.1　电子表格的基本操作

Excel 2010 与 Word 2010 的界面有相似之处，但也有不同之处。启动 Excel 2010 方法与启动 Word 2010 一样，图 4-2-1 所示为 Excel 2010 启动后的窗口。

图 4-2-1　Excel 2010 的窗口界面

1. 工作簿的基本操作

工作簿是指 Excel 环境中用来储存并处理工作数据的文件，也就是说 Excel 文档就称为工作簿，其扩展名为".xlsx"。它是 Excel 工作区中一个或多个工作表的集合，每个工作簿文件可以拥有许多不同的工作表，默认有三个工作表，最多可由 255 个工作表组成。

（1）创建工作簿

创建新的工作簿时，用户可以使用空白的工作簿模板，也可以使用已提供的一些数据、布局和格式的现有模板来创建工作簿。当启动 Excel 2010 后，系统会自动新建一个名为"工作簿 1"的空白工作簿，如图 4-2-1 所示。

一般情况下，可以选择"文件"选项卡中的"新建"命令，打开如图 4-2-2 所示的窗口，从中选中"空白工作簿"，然后单击"创建"按钮即可创建一个空白工作簿。

图 4-2-2　新建工作簿窗口

（2）打开工作簿

打开工作簿的方法有很多。一般可以直接双击现有的工作簿文件，或者利用"文件"选项卡中的"打开"命令，在打开的"打开"对话框中选择需要打开的工作簿文件，也可以一次同时打开多个工作簿文件。

打开多个工作簿文件后，可以通过"视图"选项卡"窗口"组中的相关按钮（见图4-2-3）来排列窗口或切换窗口等。

图 4-2-3　"窗口"组

（3）保存工作簿

利用"文件"选项卡中的"保存"命令可将编辑后的文件直接以原文件名和原位置保存，利用"另存为"命令可改变保存的位置、文件名和文件格式。

注意：Excel 2010 文件的默认保存格式为".xlsx"，而早期的 Excel 版本的文件格式为".xls"，因此在保存时可以在"保存类型"下拉列表中选择保存的版本。

（4）关闭工作簿

关闭工作簿与关闭 Word 文档的方法相同。对于刚打开或已保存的工作簿，可以直接关闭，但对于修改后尚未保存的工作簿，在关闭时会弹出图4-2-4所示的提示对话框，可以单击"保存"或"不保存"按钮来关闭工作簿。

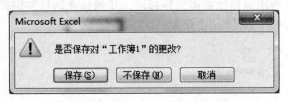

图 4-2-4　确认"保存"对话框

2. 工作表的基本操作

工作表是构成工作簿的主要元素，它主要用于处理和存储各类数据。在 Excel 2010 中，工作表由 1 048 576 行、16 384 列组成，默认的情况下一个工作簿中有三张工作表。

（1）插入工作表

在 Excel 工作簿新建之处只有三张工作表，有时无法满足用户的需求，此时就需要在工作簿中新建工作表，新建工作表通常有三种方法。

① 在工作表标签区域的右边，有一个"插入工作表"按钮（见图4-2-5），单击该按钮可以插入新的工作表。

图 4-2-5　单击"插入工作表"按钮

② 右单击某个工作表标签，弹出图 4-2-6 所示的快捷菜单，选择"插入"命令，打开"插入"对话框，从中选择"工作表"图标，然后单击"确定"按钮即可在当前工作表前插入一张新的工作表。

③ 选择某个工作表标签，在"开始"选项卡"单元格"组中单击"插入"按钮，在弹出的下拉列表中选择"插入工作表"选项，即可在当前工作表前插入一张新的工作表。

（2）重命名工作表

有时为了更容易区分每个工作表，通常需要对工作表重命名，这样可以让用户更直观地了解工作表的大致内容。

右击需要重命名的工作表标签，从弹出的快捷菜单中选择"重命名"命令，或者选择"开始"选项卡"单元格"组"格式"下拉列表（见图 4-2-7）中的"重命名工作表"选项。工作表标签进入编辑状态，输入新的工作表名称，按【Enter】键确认。

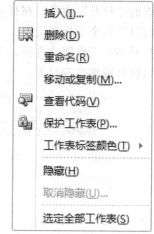

图 4-2-6 工作表标签
右键快捷菜单

更为直接的方法是双击需要重命名的工作表标签，然后输入新的名称即可。

（3）移动或复制工作表

右击需要移动的工作表标签，在弹出的快捷菜单中选择"移动或复制"命令，打开图 4-2-8 所示的对话框，在该对话框中确定移动的位置。如果需要复制工作表，则选中"建立副本"复选框。

更为直接的方法是利用鼠标拖动需要移动的工作表标签到目标位置。如果需要复制工作表，在用鼠标拖动的同时按住【Ctrl】键。

图 4-2-7 "格式"下拉列表

图 4-2-8 "移动或复制工作表"对话框

提示：在图 4-2-8 所示的对话框中还能很方便地实现在不同的工作簿之间工作表的移动或复制。

（4）删除工作表

右击需要删除的工作表标签，在弹出的快捷菜单中选择"删除"命令，或者选择"开始"选项卡"单元格"组"删除"下拉列表中的"删除工作表"选项。

注意：删除工作表属于物理删除，删除后是无法恢复的，因此一定要谨慎。

（5）隐藏工作表

右击需要隐藏的工作表标签，在弹出的快捷菜单中选择"隐藏"命令，或者选择"开始"选项卡"单元格"组"格式"下拉列表中的"隐藏和取消隐藏/隐藏工作表"选项。

（6）取消隐藏工作表

右击任意工作表标签，在弹出的快捷菜单中选择"取消隐藏"命令，或者选择"开始"选项卡"单元格"组"格式"下拉列表中的"隐藏和取消隐藏/取消隐藏工作表"选项，在打开的"取消隐藏"对话框中选择需要取消隐藏的工作表。

3. 单元格的基本操作

工作表中行列交叉所形成的网格称为单元格。工作表由许多个单元格组成，一个单元格可存放一个数据，包括数据本身、格式、批注和超链接等内容。

每个单元格对应一个唯一的地址，常称为"单元格地址"，是由列标和行号组成的，如 B5 等，当单击选取某个单元格时，此单元格就成为当前单元格。

（1）选取单元格与单元格区域

要对单元格中的数据进行操作，首先要选中该单元格，使其成为活动单元格。

① 选取单个单元格：单击该单元格即可。

② 选取单元格区域：可以用鼠标的拖动来选取若干个连续的单元格，如 A3:L4。或者利用【Shift】键和【Ctrl】键配合鼠标操作选择若干个不连续的单元格区域，如图 4-2-9 所示。

③ 选取整行或整列：单击行号或列标即可。

④ 选取所有单元格：单击"全选"按钮，或按【Ctrl+A】组合键。

员工编号	姓名	部门	职务	等级工资	聘任津贴	绩效奖励	应发合计	四险一金	应交税金	实发工资
						玉淼公司行政部门2016年6月工资汇总表				
					绩效基数	0.85				
XZ009001	成昱渺	厂办	董事长	6,000.00	2,000.00	6,800.00	14,800.00	2,516.00	1,756.80	10,527.20
XZ009006	付晓强	厂办	经理	4,500.00	1,500.00	5,100.00	11,100.00	1,887.00	1,142.60	8,070.40
XZ009018	谢杰	厂办	干事	2,800.00	800.00	3,060.00	6,660.00	1,132.20	304.17	5,223.63
XZ009014	李泉波	财务部	副经理	3,800.00	1,200.00	4,250.00	9,250.00	1,572.50	626.63	7,050.88
XZ009009	杨淑琴	财务部	干事	2,500.00	700.00	2,720.00	5,920.00	1,006.40	141.36	4,772.24
XZ009016	吴海燕	人事部	副经理	3,800.00	800.00	3,060.00	6,660.00	1,572.50	626.63	7,050.88
XZ009005	刘雯娟	人事部	干事	2,800.00	800.00	3,060.00	6,660.00	1,132.20	304.17	5,223.63
XZ009015	李正荣	人事部	干事	2,700.00	800.00	2,975.00	6,475.00	1,100.75	187.43	5,186.83
XZ009011	姚小奇	生产部	副经理	3,800.00	1,200.00	4,250.00	9,250.00	1,572.50	626.63	7,050.88
XZ009019	汤建	生产部	干事	2,900.00	800.00	3,060.00	6,660.00	1,132.20	304.17	5,223.63
XZ009013	于伟平	生产部	干事	2,900.00	700.00	3,060.00	6,660.00	1,132.20	304.17	5,223.63
XZ009017	周莉莉	销售部	副经理	3,800.00	1,200.00	4,250.00	9,250.00	1,572.50	626.63	7,050.88
XZ009004	成华峰	销售部	干事	2,300.00	800.00	2,635.00	5,735.00	974.95	126.01	4,634.05
XZ009010	王华荣	销售部	干事	3,000.00	800.00	3,230.00	7,030.00	1,195.10	350.24	5,484.67
XZ009008	王亚萍	研发部	经理	4,500.00	1,500.00	5,100.00	11,100.00	1,887.00	1,142.60	8,070.40
XZ009002	肖龙	研发部	副经理	3,800.00	1,200.00	4,250.00	9,250.00	1,572.50	626.63	7,050.88
XZ009003	韩丽	研发部	干事	3,100.00	800.00	3,315.00	7,215.00	1,226.55	373.27	5,615.18
XZ009007	孙小平	研发部	干事	3,500.00	800.00	3,655.00	7,955.00	1,352.35	465.40	6,137.25
XZ009012	杨海涛	研发部	干事	3,000.00	800.00	3,230.00	7,030.00	1,195.10	350.24	5,484.67

图 4-2-9 多个不连续区域的选取

（2）单元格或单元格区域的选取和命名

选取某个单元格或单元格区域，除了可以使用单元格地址外，还可以通过"编辑栏"左边名称框下拉列表中事先命名好的名称来选取单元格或单元格区域。

命名的方法：选中一个或多个单元格，然后直接在编辑栏的名称框中输入指定的名称，或在右键快捷菜单中选择"定义名称"命令，即完成对单元格或单元格区域的命名。也可以选择"公式"选项卡"定义的名称"组中的"定义名称"选项来实现命名。

提示：命名的单元格或区域，除了可用名称来选取外，还可以将名称作为函数的参数进行直接调用。

例如，选取 K7、K9、K12、K15、K19 五个单元格，在名称框中输入"副经理"，如果要计算这五位副经理的平均实发工资，可以使用"=average(K7,K9,K12,K15,K19)"来计算，也可以用"=average(副经理)"来计算。

（3）输入数据

① 普通输入：单击选中需要输入的单元格，直接输入内容后按【Enter】键即可，或者在编辑栏中直接输入数据，按【Enter】键确认。

注意：当输入数字字符的文本型数据时，如邮政编码、身份证号、手机号码等，要在数字字符前加一个英文的单引号，再输入数字字符。比如，要输入邮政编码"201806"的数字字符，则应输入"'201806"。

② 同一单元格换行输入：在输入时需要在同一个单元格中另起一行输入数据时，只需按【Alt+Enter】组合键即可在新行中输入。

③ 多个单元格中输入相同的数据：选取多个单元格输入数据，然后按【Ctrl+Enter】组合键即可。

④ 自动填充输入：可以帮助用户快速输入有规律数据，如等差数列、等比数列，各种时间和日期序列等，如图 4-2-10 所示。

	A	B	C	D	E
1	1	1	甲	一月	
2	2	4	乙	二月	
3	3	7	丙		
4	4	10	丁		
5	5	13	戊		
6	6	16	己		
7	7	19	庚		
8	8	22	辛		
9	9	25	壬		
10	10	28	癸		

图 4-2-10 利用自动填充输入各种序列

当输入了前几个有规律的数据后选中这些单元格（如图 4-2-10 中的 D1:D2），把鼠标指针移到该区域的右下角（自动填充柄），鼠标指针呈"＋"形状，鼠标拖拽填充柄到目标单元格即可实现根据初始值的趋势自动填充后续单元格的数据。

（4）单元格内容的修改

① 修改单元格的所有内容：当需要编辑一个单元格的所有内容时，首先使该单元格处于被选中状态，然后输入新的内容，则原内容被取代，按【Enter】键或者单击编辑栏中的按

钮✓确认修改。

② 修改单元格中的部分内容：当需要编辑某个单元格中的部分内容时，一种方法是双击该单元格或者选中该单元格后按【F2】键，把插入点置于该单元格中进行修改。另一种方法是选中该单元格后，在编辑栏中对内容进行修改。

（5）单元格的移动或复制

① 移动：可以通过选择"开始"选项卡"剪贴板"组中的"剪切"和"粘贴"按钮，或者选择右键快捷菜单中的"剪切"和"粘贴选项"命令，也可以使用【Ctrl+X】和【Ctrl+V】组合键来完成单元格内容的移动。

② 复制：可以通过选择"开始"选项卡"剪贴板"组中的"剪切"和"粘贴"按钮，或者选择右键快捷菜单中的"复制"和"粘贴选项"命令，也可以使用【Ctrl+C】和【Ctrl+V】组合键来完成单元格内容的复制。

③ 选择性粘贴：一个单元格中的数据包括内容、格式和批注等。如果使用"粘贴"命令则将粘贴单元格的所有内容和属性，而使用"选择性粘贴"则可以粘贴特定的单元格内容或属性。

例如，要将 D4 单元格的批注复制到 D18，那么可以选中 D4 单元格，在右键快捷菜单中选择"复制"命令；再选中 D18 单元格，在右键快捷菜单中选择"选择性粘贴"命令，在打开的如图 4-2-11 所示的对话框中选择"批注"选项，即可完成批注的复制，而两个单元格的内容保持不变。

另外，利用选择性粘贴功能还可以实现工作表行列的转置。

（6）清除单元格

清除单元格并不是删除单元格，而是指删除单元格中的信息，包括内容、格式、批注等。平时使用【Delete】键，只能清除单元格中的内容，而单元格的格式和批注等保持不变。

单击"开始"选项卡中"编辑"组中的"清除"按钮，打开图 4-2-12 所示的下拉列表，可以从中选择需要清除的对象。

图 4-2-11 "选择性粘贴"对话框

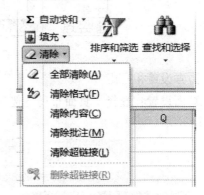

图 4-2-12 "清除"下拉列表

（7）插入单元格、行、列

选中单元格，在右键快捷菜单中选择"插入"命令，或者选择"开始"选项卡中"单元格"组中的"插入"下拉列表中的"插入单元格"选项，都会打开图 4-2-13 所示的对话框，通过其中的设置来完成单元格或行、列的插入。

（8）删除单元格、行、列

选中单元格，在右键快捷菜单中选择"删除"命令，或者选择"开始"选项卡中"单元格"组中的"删除"下拉列表中的"删除单元格"选项，都会打开图 4-2-14 所示的对话框，通过其中的设置来完成单元格或行、列的删除。

图 4-2-13 "插入"对话框

图 4-2-14 "删除"对话框

（9）插入批注

为了帮助理解单元格数据的含义，可以给单元格加上注释性文字，这些文字就称为单元格的批注。右击需要添加批注的单元格，在弹出的快捷菜单中选择"插入批注"命令，在批注框内输入批注内容，如图 4-2-15 所示。

当在某个单元格中添加了批注之后，会在该单元格的右上角出现一个小红三角，只要将鼠标指针移到该单元格之中，就会显示出添加的批注内容。如果要编辑批注，只需要右击该单元格，在弹出的快捷菜单中选择"编辑批注""删除批注""显示/隐藏批注"命令。右击批注的边框，还可以"设置批注格式"。

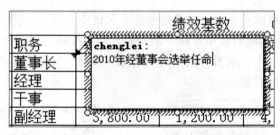
图 4-2-15 插入批注

4. 页面设置和打印

① 页面设置：选择"页面布局"选项卡中"页面设置"组中的有关选项进行设置，如图 4-2-16 所示。

图 4-2-16 "页面设置"组

也可以单击对话框启动器按钮，打开图 4-2-17 所示的"页面设置"对话框。其中"页面"选项卡可用来设置打印方向、纸张大小等；"页边距"选项卡主要设置工作表内容与纸张边缘的距离；"页眉/页脚"选项卡可以用来自定义页眉和页脚的内容、格式等（见图 4-2-18）；

"工作表"选项卡可以设置打印标题、打印区域、网格线打印等。

图 4-2-17 "页面设置"对话框　　　　图 4-2-18 自定义页眉和页脚

② 打印预览和打印：以上页面设置完成后，可以单击"打印预览"按钮，或者选择"文件"选项卡中的"打印"命令，窗口如图 4-2-19 所示，一方面可以预览打印的效果，另一方面可以设置打印范围、选择打印机型号、打印份数、页面设置等，最后单击"打印"按钮。

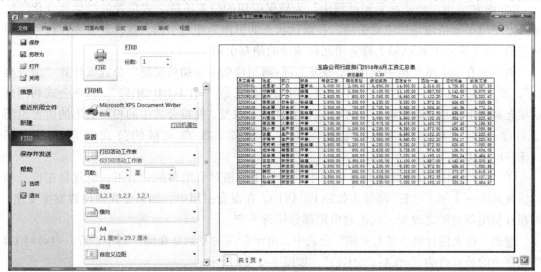

图 4-2-19 打印窗口

4.2.2 公式与函数的应用

在 Excel 中，公式是在工作表中对输入的数据进行运算和分析的。它可以对工作表中的数值进行加、减、乘、除等运算，也可以通过相关函数分析数据。

1. 创建公式

公式是指在工作表中对数据进行运算，从等号开始的一个表达式。表达式由数据、函数、运算符、单元格引用、常量等组成，如图 4-2-20 所示。

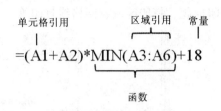

图 4-2-20　公式的组成

2. 单元格的引用

引用的作用在于标识工作表中的单元格或单元格区域，并指明公式中所使用数据的位置。在公式中通过引用来代替单元格中的实际数据，一旦被引用的单元格数据发生变化后，公式的运算值也会自动修改。单元格的引用可分为相对引用、绝对引用和混合引用。

① 相对引用：公式在复制过程中，为确保引用的位置能随着公式位置的变化而自动调整，这就需要使用单元格地址的相对引用。在默认状态的引用都是相对引用。

例如，在 H4 单元格中要计算"应发合计"，所用的公式"=E4+F4+G4"即为相对引用，如果将该公式利用自动填充柄往下拖动（即复制），由于公式位置发生了改变使得引用的位置也随之自动改变（如 H5 单元格的公式就自动变成了"=E5+F5+G5"）。

② 绝对引用：公式在复制过程中，为确保引用的位置不随公式位置的变化而变化，这就需要使用单元格地址的绝对引用。在默认状态的引用是相对引用，这样就需要在行号和列标前加"$"符号（如$A$3）称为单元格地址的绝对引用。

例如，在 G4 单元格中利用"（等级工资+聘用津贴）×绩效奖励"公式来计算"绩效奖励"，而"绩效基数"的值在 G2 单元格，所用的公式是"=(E4+F4)*\$G\$2"，将该公式利用自动填充柄往下拖动（即复制），由于公式位置发生了改变，使得公式中的相对引用的位置也随之自动改变，而绝对引用的地址保持不变（如 G5 单元格的公式就自动变成了"=(E5+F5)*\$G\$2"）。

③ 混合引用：在单元格地址引用中同时使用了相对引用和绝对引用，也就是在行号和列标前只有一个加了"$"符号（如\$A1、A\$1）。在混合引用中，如果公式的位置发生变化，则相对引用部分随之改变，而绝对引用部分保持不变。

例如，在上例计算"绩效奖励"公式中，由于公式的复制是在同一列中，所以也可将 G4 单元格中的公式改为"=(E4+F4)*G\$2"，如图 4-2-21 所示。

	G4	▼	f_x	=(E4+F4)*G\$2						
	A	B	C	D	E	F	G	H	I	J	K
1	玉淼公司行政部门2016年6月工资汇总表										
2						绩效基数	0.85				
3	员工编号	姓名	部门	职务	等级工资	聘用津贴	绩效奖励	应发合计	四险一金	应交税金	实发工资
4	XZ009001	成昱渺	厂办	董事长	6,000.00	2,000.00	6,800.00	14,800.00	2,516.00	1,756.80	10,527.20
5	XZ009006	付晓强	厂办	经理	4,500.00	1,500.00	5,100.00	11,100.00	1,887.00	1,142.60	8,070.40
6	XZ009018	谢杰	厂办	干事	2,800.00	800.00	3,060.00	6,660.00	1,132.20	304.17	5,223.63
7	XZ009014	李泉波	财务部	副经理	3,800.00	1,200.00	4,250.00	9,250.00	1,572.50	626.63	7,050.88
8	XZ009016	杨淑琴	财务部	干事	2,500.00	700.00	2,720.00	5,920.00	1,006.40	141.36	4,772.24
9	XZ009016	吴海燕	人事部	副经理	3,800.00	1,200.00	4,250.00	9,250.00	1,572.50	626.63	7,050.88
10	XZ009005	刘雯娟	人事部	干事	2,800.00	800.00	3,060.00	6,660.00	1,132.20	304.17	5,223.63
11	XZ009015	李正荣	人事部	干事	2,700.00	800.00	2,975.00	6,475.00	1,100.75	187.43	5,186.83
12	XZ009011	姚小奇	生产部	副经理	3,800.00	1,200.00	4,250.00	9,250.00	1,572.50	626.63	7,050.88
13	XZ009019	汤建	生产部	干事	2,800.00	700.00	3,060.00	6,660.00	1,132.20	304.17	5,223.63

图 4-2-21　单元格引用

3. 使用函数

函数是一些预定义的公式或具有特定功能的表达式，函数包括函数名和参数。用户把参数传递给函数，函数按特定的指令对参数进行计算，然后把计算结果返回给用户。

函数的分类有很多种：数学和三角函数、文本函数、逻辑函数、统计函数、财务函数等，其中较为常用的函数有 SUM、AVERAGE、MAX、MIN、COUNT、IF、COUNTIF 等。

函数的一般形式为：函数名(参数 1,参数 2,……)。

例如，利用函数计算"应发工资"。

选中 F4 单元格，单击编辑栏中的 fx 按钮，或是单击"公式"选项卡"函数库"组（见图 4-2-22）中的"插入函数"按钮，打开图 4-2-23 所示的"插入函数"对话框。从列表中选择 SUM 函数，单击"确定"按钮，打开图 4-2-24 所示的"函数参数"对话框，输入参数（如 E4:G4），最后单击"确定"按钮即可在 F4 中插入"=SUM（E4:G4）"函数。

图 4-2-22 "函数库"组

图 4-2-23 "插入函数"对话框

图 4-2-24 "函数参数"对话框

4.2.3 工作表的格式化

用户建立一张有数据的工作表后，需对工作表进行格式化设置，以便看起来格式清晰、内容整齐、样式美观，数据更直观、更具有可读性和可视性。

1. 自动套用表格格式

Excel 提供了自动格式化工作表的功能，它可以利用预设的格式，套用到创建好的工作表中。这种自动格式化的功能，可以节省格式化工作表的时间，而制作出的工作表却很美观。

例如，对表格进行自动套用格式：

① 首先选中需要自动套用格式的区域（如 A3:K22），

② 单击"开始"选项卡"样式"组中的"套用表格样式"按钮，在弹出的下拉列表中选择某个表格格式效果后，弹出"套用表格式"对话框（见图 4-2-25），确认数据源和数据

源中是否包含标题，最后单击"确定"按钮返回工作表。

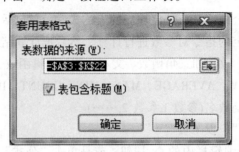

图 4-2-25 "套用表格式"对话框

③ 文档窗口上方自动切换到"表格工具/设计"选项卡，同时表格的每个列标题右侧出现一个下拉按钮，利用此按钮可以对数据进行排序和筛选，如图 4-2-26 所示。

④ 利用"表格工具/设计"选项卡"表格样式选项"组可以进一步调整表格格式；利用"属性"组可以调整数据源区域；利用"工具"组可以将套用了表格格式的区域转换为普通区域（即取消排序和筛选功能）。

图 4-2-26 "表格工具/设计"选项卡

2. 设置单元格格式

自动套用格式一般是对整个表格进行设置，有时需要对表格中的局部进行格式化，如表格的标题、数值的格式、对齐方式、边框、填充等。

（1）数字格式

可以利用"开始"选项卡"数字"组中的选项进行简单的设置，如图 4-2-27（a）所示。或单击对话框启动器按钮，打开"设置单元格格式"对话框，选择"数字"选项卡进行数字格式的设置，如图 4-2-27（b）所示。

（a）"数字"组

（b）"设置单元格格式"对话框

图 4-2-27　设置数字格式

（2）对齐

可以利用"开始"选项卡"对齐方式"组中的选项进行设置，如图 4-2-28（a）所示。或单击对话框启动器按钮，打开"设置单元格格式"对话框，选择"对齐"选项卡进行对齐方式、文字方向、自动换行、合并单元格等的设置，如图 4-2-28（b）所示。

（a）"对齐方式"组

（b）"对齐"选项卡

图 4-2-28　设置对齐方式

（3）字体

可以利用"开始"选项卡"字体"组中的选项进行设置，如图 4-2-29（a）所示。或单击对话框启动器按钮，打开"设置单元格格式"对话框，选择"字体"选项卡进行字体、字形、字号、颜色、下画线等的设置，如图 4-2-29（b）所示。

（a）"字体"组

（b）"字体"选项卡

图 4-2-29　设置"字体"格式

（4）边框和填充

为了让表格提高美观程度和可阅读性，往往需要设置相应的边框和填充色。可通过"设置单元格格式"对话框中的"边框"选项卡来选择边框线的线条样式、颜色和位置（见图4-2-30），通过"填充"选项卡设置单元格背景的填充色和填充图案（见图4-2-31）。

 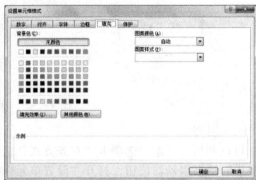

图 4-2-30 "边框"选项卡　　　　　　图 4-2-31 "填充"选项卡

（5）单元格样式

系统预设了"好、差和适中""数据和模型""标题""主题单元格样式""数字格式"这五种类型的单元格样式。对于不同内容的单元格，可直接应用"开始"选项卡"样式"组中的"单元格样式"下拉列表中的样式，如图4-2-32所示。

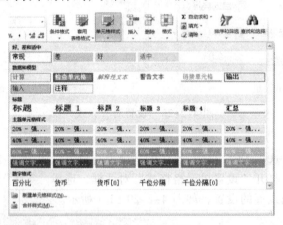

图 4-2-32　单元格样式

3. 调整行高、列宽和隐藏行或列

（1）行高、列宽的调整

单元格有默认的列宽，而行高一般会根据单元格中字体的大小而自动调整。

① 手动调整：使用鼠标拖动该列右边的分隔线或该行下方的分隔线到合适的位置。

② 精确调整：选中需要调整的某列或某行并右击，在快捷菜单中选择"列宽"或"行高"命令。或者选择"开始"选项卡"单元格"组"格式"下拉列表（见图4-2-33）中的"列宽"或"行高"选项，在弹出的对话框中输入具体要设置的数值。

③ 自动调整：根据单元格中的内容自动调整行高或列宽。选中需要调整的某列或某行，

选择"开始"选项卡"单元格"组"格式"下拉列表中的"自动调整列宽"或"自动调整行高"命令。也可以将鼠标指针停在该列右边的分隔线或该行下方的分隔线上，当出现双向箭头时双击，也能自动调整行高和列宽。

（2）隐藏、取消隐藏行或列

① 隐藏行或列：选中需要隐藏的某行或某列并右击，在弹出的快捷菜单中选择"隐藏"命令；或者选择"开始"选项卡"单元格"组"格式"下拉列表中的"隐藏和取消隐藏"下的"隐藏行"或"隐藏列"子命令。

② 取消行或列的隐藏：选中包含隐藏行的上下行或隐藏列的左右列并右击，在弹出的快捷菜单中选择"取消隐藏"命令；或者选择"开始"选项卡"单元格"组"格式"下拉列表中的"隐藏和取消隐藏"下的"取消隐藏行"或"取消隐藏列"子命令。

也可以利用鼠标的拖动来隐藏或取消隐藏行或列。

图 4-2-33 "单元格格式"下拉列表

4. 格式复制

将某个单元格和单元格区域的格式复制到另一个区域的方法有很多种。较常用的方法是使用"开始"选项卡"剪贴板"组中的"格式刷"。

5. 条件格式

条件格式可以让用户通过设置一定的条件，使得满足条件的单元格显示指定的格式。条件格式主要包括五种规则：突出显示单元格规则、项目选取规则、数据条、色阶和图标集。

① 突出显示单元格规则：对规定区域的数据根据规则设置特定的格式。

例如，对于实发工资大于 7 000 的，单元格格式为淡红色填充深红色文本。首先选中需要设置格式的单元格区域，然后选择"开始"选项卡"样式"组中的"条件格式"下拉列表中的"突出显示单元格规则"选项，在其展开的子列表（见图 4-2-34）中选择"大于"规则，打开"大于"对话框（见图 4-2-35），在文本框中输入"7000"，在"设置为"下拉列表中选择或自定义格式。

图 4-2-34 "条件格式"下拉列表

图 4-2-35 "大于"对话框

② 项目选取规则：在特定的区域中根据指定的值查找该区域中的最高值、最低值等，还可以快速将该区域中高于或低于平均值的单元格设置单元格格式。

③ 数据条：根据单元格中数据值大小通过单元格填充渐变条的长短来突出显示。

④ 色阶：根据数据值大小通过单元格填充颜色的深浅来突出显示。

⑤ 图标集：图标集有方向、形状、标记等样式，通过它对数据进行图标注释。

4.2.4 数据图表化

数据图表化是将表格中的数据以图形的形式表示，使数据表现更加可视化、形象化，方便用户了解数据的内容、数据的宏观趋势，从中找出规律，为企业决策提供帮助。Excel 2010 提供了 11 种默认的图表类型，用户可根据实际情况选择适当的图表类型。

1. 创建图表

例如，制作一个反映生产部几位员工的实发工资情况图，具体步骤如下：

① 首先选择创建图表的数据源，如图 4-2-36 所示。

② 在"插入"选项卡"图表"组中选择"柱形"下拉列表中选择"簇状柱形图"，完成图表的创建，如图 4-2-37 所示。

	A	B	C	D	E	F	G	H	I	J	K
1	玉淼公司行政部门2016年6月工资汇总表										
2					绩效基数	0.85					
3	员工编号	姓名	部门	职务	等级工资	聘任津贴	绩效奖励	应发合计	四险一金	应交税金	实发工资
4	XZ009001	成昱渺	厂办	董事长	6,000.00	2,000.00	6,800.00	14,800.00	2,516.00	1,756.80	10,527.20
5	XZ009006	付晓强	厂办	经理	4,500.00	1,500.00	5,100.00	11,100.00	1,887.00	1,142.60	8,070.40
6	XZ009018	谢杰	厂办	干事	2,800.00	800.00	3,060.00	6,660.00	1,132.20	304.17	5,223.63
7	XZ009014	李泉波	财务部	副经理	3,800.00	1,200.00	4,250.00	9,250.00	1,572.50	626.63	7,050.88
8	XZ009009	杨淑琴	财务部	干事	2,500.00	700.00	2,720.00	5,920.00	1,006.40	141.36	4,772.24
9	XZ009016	吴海燕	人事部	副经理	3,800.00	1,200.00	4,250.00	9,250.00	1,572.50	626.63	7,050.88
10	XZ009005	刘雯娟	人事部	干事	2,800.00	800.00	3,060.00	6,660.00	1,132.20	304.17	5,223.63
11	XZ009015	李正荣	人事部	干事	2,700.00	800.00	2,975.00	6,475.00	1,100.75	187.43	5,186.83
12	XZ009011	姚小奇	生产部	副经理	3,800.00	1,200.00	4,250.00	9,250.00	1,572.50	626.63	7,050.88
13	XZ009019	汤建	生产部	干事	2,800.00	700.00	3,060.00	6,660.00	1,132.20	304.17	5,223.63
14	XZ009013	于伟平	生产部	干事	2,900.00	700.00	3,060.00	6,660.00	1,132.20	304.17	5,223.63
15	XZ009017	周莉莉	销售部	副经理	3,800.00	1,200.00	4,250.00	9,250.00	1,572.50	626.63	7,050.88
16	XZ009004	成华峰	销售部	董事	2,300.00	800.00	2,635.00	5,735.00	974.95	126.01	4,634.05
17	XZ009010	王华荣	销售部	干事	3,000.00	800.00	3,230.00	7,030.00	1,195.10	350.24	5,484.67

图 4-2-36 选择数据源

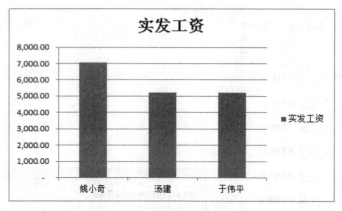

图 4-2-37 创建的簇状柱形图

另外，也可以在选择好数据源后，单击"插入"选项卡"图表"组中的对话框启动器按钮，打开图 4-2-38 所示的"插入图表"对话框，在对话框中选择图表类型来完成图表创建。

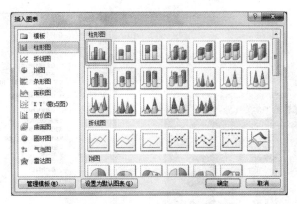

图 4-2-38 "插入图表"对话框

2. 编辑图表

图表创建后，在图表选中的状态下，功能区会自动显示"图表工具"标签及下面的"设计""布局""格式"三个选项卡，如图 4-2-39 所示。

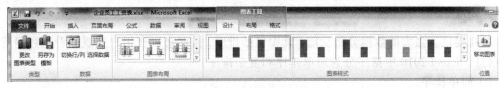

（a）"图表工具/设计"选项卡

（b）"图表工具/布局"选项卡

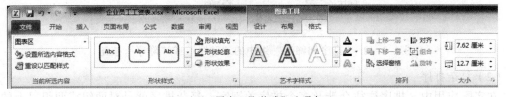

（c）"图表工具/格式"选项卡

图 4-2-39 "图表工具"选项卡

其中，"图表工具/设计"选项卡可以对图表整个格局进行设置，如图表类型、图表布局、图表样式、图标位置等；"图表工具/布局"选项卡可以对图表中的对象进行编辑，如图表标题、坐标轴标题、图例等；"图表工具/格式"选项卡可以对图表中的对象进行格式设置，如形状样式、艺术字样式等。

如创建图 4-2-37 所示的图表经过样式、布局、标题、格式、形状样式、艺术字样式等的设置，可形成图 4-2-40 所示的图表。

除了用以上三个选项卡进行设置外，还可以用对话框来设置。具体方法是，直接双击图表中需要设置的某对象，将会打开该对象的格式对话框。例如双击坐标轴，打开图 4-2-41 所示的"设置坐标轴格式"对话框，进行设置即可。

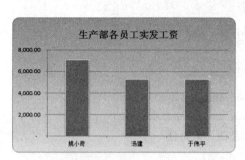

图 4-2-40 设置后的图表   图 4-2-41 "设置坐标轴格式"对话框

4.2.5 数据统计与管理

1. 排序

Excel 提供了强大的数据分析功能,其中包括排序,排序可以让用户直观地看到数据所反映的信息。Excel 2010 中排序分为简单排序和复杂排序。

(1)简单排序

简单排序是根据数据表中的某一字段进行升序或降序的排序。

方法:先将光标停在要进行排序的列的任意单元格中,然后单击"数据"选项卡"排序和筛选"组(见图 4-2-42)中的"升序"或"降序"按钮即可。

图 4-2-42 "排序和筛选"组中的"升序"或"降序"按钮

(2)复杂排序

在实际应用中,排序往往会涉及多个排序关键字。复杂排序就是对两组或两组以上的数据进行排序。

方法:先选中需要排序的数据区域(包含标题行),然后单击"数据"选项卡"排序和筛选"组中的"排序"按钮,打开"排序"对话框,在该对话框中不仅可以选择排序的"主要关键字"和次序,还能通过"添加条件"按钮增加多个"次要关键字"的排序,甚至还可以自定义次序,如图 4-2-43 所示,最后单击"确定"按钮即可完成排序。

2. 筛选

通过对数据表的筛选可以仅显示满足条件的数据,而隐藏不满足条件的数据。Excel 提供了三种筛选方式:自动筛选、自定义筛选和高级筛选。

(1)自动筛选

选择数据区域中的任一单元格,或者选择需要筛选的数据区域,单击"数据"选项卡"排序和筛选"组中的"筛选"按钮,在数据表中每个字段旁出现一个向下的小箭头,单击小箭头可以在下拉列表中选择筛选的选项（见图 4-2-44）。如果再次单击"排序和筛选"组中的"筛选"按钮，则会取消筛选功能，数据表还原。

图 4-2-43 "排序"对话框

图 4-2-44 自动筛选

（2）自定义筛选

当较复杂的筛选条件无法用自动筛选来完成时，可以使用自定义筛选。

选择数据区域中的任一单元格，或者选择需要筛选的数据区域，单击"数据"选项卡"排序和筛选"组中的"筛选"按钮，单击相关字段旁的小箭头，在下拉列表中选择"数字筛选"列表中的"自定义筛选"选项，打开"自定义自动筛选方式"对话框，如图 4-2-45 所示，在对话框中设置筛选条件，最后单击"确定"按钮返回。

（3）高级筛选

如果筛选条件更为复杂，则需要选择高级筛选。使用时需要事先在工作表中建立筛选条件，在筛选条件中列与列之间的关系为"与"，行与行之间的关系为"或"，选择相应的数据区域、条件区域和结果区域后则筛选的结果显示在结果区域，如图 4-2-46 所示。

图 4-2-45 自定义筛选

3. 分类汇总

分类汇总就是把数据表中的数据分门别类地统计处理。无须建立公式，即可对各类别的数据进行求和、求平均等多种计算，并且可以分级显示汇总的结果。

分类汇总的操作前，必须要对数据表按分类汇总的关键字进行排序。

例如，按职务分类汇总实发工资的平均值。

① 选择数据区域中的任一单元格，然后选择"数据"选项卡"排序和筛选"组中的"排

序"按钮，打开"排序"对话框，如图 4-2-47 所示，设置"主要关键字"，单击"确定"按钮返回。

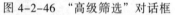

图 4-2-46 "高级筛选"对话框

图 4-2-47 "排序"对话框

② 单击"数据"选项卡"分级显示"组中的"分类汇总"按钮，打开"分类汇总"对话框，如图 4-2-48 所示，设置"分类字段""汇总方式""选定汇总项"，单击"确定"按钮返回。分类汇总效果如图 4-2-49 所示。

如果要建立多重分类汇总（嵌套分类汇总），在建立分类汇总时，取消选中"分类汇总"对话框中的"替换当前分类汇总"复选框即可。

如果要删除已建立的分类汇总，单击"分类汇总"对话框中的"全部删除"按钮即可。

图 4-2-48 "分类汇总"对话框

4. 数据透视表

数据透视表是一种对大量数据进行快速汇总和建立交叉列表的交互式表格，它不仅可以交换其行和列来查看对源数据的不同汇总结果，还可以显示不同页面已筛选的数据，或显示区域中所关注的明细数据。

图 4-2-49 分类汇总效果

而数据透视图则是一个动态的图表，它基于数据透视表，将创建的数据透视表以一种图解的方式显示出来。

例如，建立图 4-2-50 所示的数据透视表。

平均值项:实发工资	职务				
部门	董事长	经理	副经理	干事	总计
财务部			7050.88	4772.24	5911.56
厂办	10527.20	8070.40		5223.63	7940.41
人事部			7050.88	5205.23	5820.44
生产部			7050.88	5223.63	5832.71
销售部			7050.88	5059.36	5723.20
研发部		8070.40	7050.88	5745.70	6471.68
总计	10527.20	8070.40	7050.88	5291.76	6322.72

图 4-2-50　数据透视表

① 选择数据区域中的任一单元格，然后选择"插入"选项卡"表格"组中的"数据透视表"下拉按钮，在列表中选择"数据透视表"选项，弹出"创建数据透视表"对话框，如图 4-2-51（a）所示。

② 在该对话框中选择要分析的数据源，确定放置数据透视表的位置，单击"确定"按钮，打开"数据透视表字段列表"任务窗格，如图 4-2-51（b）所示，并出现"数据透视表工具"选项卡。

③ 在"数据透视表字段列表"任务窗格中，将"部门"字段拖动至"行标签"处，将"职务"字段拖动至"列标签"处，将"实发工资"字段拖动至"Σ数值"处。

④ 拖动的数据项默认为"求和项"，若要修改为"平均值项"，可以单击该"求和项"右侧的下拉列表，从中选择"值字段设置"命令，打开图 4-2-51（c）所示的对话框，进行更改即可。在该对话框中还可以设置"数字格式""自定义名称"等。

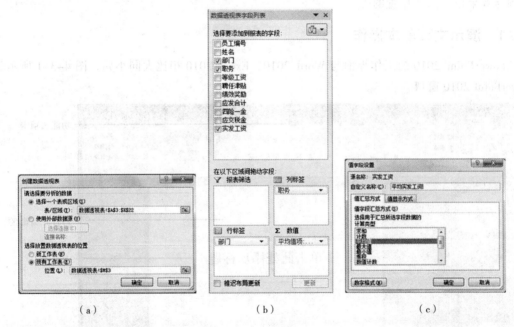

（a）　　　　　　　　（b）　　　　　　　　（c）

图 4-2-51　创建数据透视表

创建好的数据透视表在格式等方面有时不符合要求，那么可以利用"数据透视表工具"选项卡（见图 4-2-52），或右击数据透视表，在弹出的快捷菜单中选择适合的命令进行设置。

同时也可以像针对普通的工作表一样，对相应的单元格进行字体、数字、对齐等格式进行设置。

图 4-2-52 "数据透视表工具"选项卡

4.3 演示文稿制作软件

演示文稿是把静态文件制作成动态文件浏览，把复杂的问题变得通俗易懂，使之更加生动，给人留下更为深刻印象的幻灯片，它是专门为会议报告、教师授课、广告宣传、产品演示而服务的。

PowerPoint 是当下最流行的演示文稿制作工具，它能将诸如文本、声音、图像、图形、动画和影片等多媒体内容的幻灯片组成文件，既可通过计算机屏幕演示，也可通过投影仪来播放。

本节以 PowerPoint 2010 为例来介绍演示文稿的基本操作、幻灯片的风格设计、幻灯片的动画与效果以及放映设置的等。

4.3.1 演示文稿基本操作

PowerPoint 2010 的工作界面与 Word 2010、Excel 2010 相比大同小异，图 4-3-1 所示为 PowerPoint 2010 窗口。

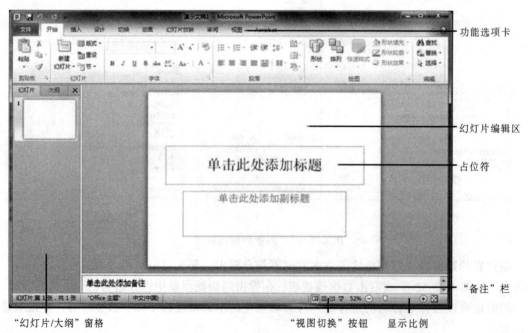

图 4-3-1 PowerPoint 2010 的窗口

1. 演示文稿的基本操作

PowerPoint 提供了多种创建新演示文稿和打开已有演示文稿的方法，这里主要介绍几种常用的方法。

（1）创建演示文稿

① 新建空白演示文稿：启动 PowerPoint 2010 应用程序后，系统默认创建了名为"演示文稿 1"的空白演示文稿。或者选择"文件"选项卡中的"新建"命令，在"可用的模板和主题"列表框中选择"空白演示文稿"图标后，单击"创建"按钮，也能创建一个空白演示文稿。

② 利用模板创建演示文稿：选择"文件"选项卡中的"新建"命令，在"可用的模板和主题"列表框中选择"样本模板"图标，选择需要套用的模板。或者在联网的状态下在"Office.com 模板"列表框中选择不同类别的模板，然后选择需要的模板，即可将所选的模板应用到演示文稿中。

③ 利用主题创建演示文稿。选择"文件"选项卡中的"新建"命令，在"可用的模板和主题"列表框下，单击"主题"图标后，选择需要的主题样式，单击"创建"按钮即可。

（2）打开演示文稿

打开演示文稿的方法有很多。一般可以直接双击现有的演示文稿文件，或者利用"文件"选项卡中的"打开"命令，在"打开"对话框中选择需要打开的演示文稿文件，也可以在"最近使用的文件"列表中，快速打开最近使用过的演示文稿。

（3）保存和退出演示文稿

利用"文件"选项卡中的"保存"命令可将编辑后的文件直接以原文件名和原位置保存，利用"另存为"命令可改变保存的位置、文件名和文件格式。

注意：PowerPoint 2010 文件的默认保存格式为".pptx"，而早期的 Excel 版本的文件格式为".ppt"，因此在保存时可以在"保存类型"下拉列表中选择保存的版本。

（4）退出演示文稿

单击 PowerPoint 2010 窗口右上角的"关闭"按钮，或者在"文件"选项卡中选择"退出"命令即可退出演示文稿。

2. 幻灯片的基本操作

在新建演示文稿后，将自动新建一张幻灯片，幻灯片是组成演示文稿的基本元素，一般来说一个演示文稿往往是由多张幻灯片组成的。

（1）插入幻灯片

① 插入新的幻灯片。在"开始"选项卡"幻灯片"组中单击"新建幻灯片"按钮，即可在当前幻灯片后插入一张与当前幻灯片版式相同的幻灯片；或者单击"新建幻灯片"下拉按钮，在展开的列表中选择所需的幻灯片版式，如图 4-3-2 所示。

② 插入其他演示文稿的幻灯片。在图 4-3-2 所示的列表中选择"重用幻灯片"选项，窗口将出现的"重用幻灯片"任务窗格（见图 4-3-3），通过"浏览"按钮选择其他演示文稿，打开该演示文稿后选择需要插入的幻灯片即可。

图 4-3-2 "新建幻灯片"下拉列表

图 4-3-3 "重用幻灯片"窗格

（2）复制和移动幻灯片

① 复制幻灯片：在普通视图中包含"大纲"和"幻灯片"选项卡窗格，在"幻灯片"选项卡中右击需要复制的幻灯片，在弹出的快捷菜单中选择"复制"命令，然后右击"幻灯片"选项卡中需要插入副本的位置，单击"开始"选项卡中的"粘贴"按钮即可。

② 移动幻灯片：在普通视图中包含"大纲"和"幻灯片"选项卡窗格，在"幻灯片"选项卡中单击需要移动的幻灯片，直接拖动到目标位置。也可以单击"开始"选项卡中的"剪切"按钮，再单击"粘贴"按钮粘贴到目标位置。

（3）删除幻灯片

删除单张幻灯片只需在"幻灯片"选项卡窗格中选中需要删除的幻灯片，直接按【Del】键即可实现删除；也可以右击需要删除的幻灯片，再选择"删除幻灯片"命令。如要同时删除多张幻灯片，则通过按住【Ctrl】键的同时选中需要删除的幻灯片，然后按【Del】键即可。

3. 幻灯片的制作

幻灯片的制作主要包括输入和编辑文本、插入各种对象（图形、图像、艺术字、表格、音频、视频等）、页眉和页脚等。

在幻灯片制作过程中经常要用到占位符，占位符是一种带有虚线框的方框，在这些框中可以放置标题及正文，或者是 SmartArt 图形、图表、表格和图片等。

（1）输入和编辑文本

将光标定位到文本占位符中即可输入或粘贴文本，也可以单击"插入"选项卡"文本"组中的"文本框"按钮，在幻灯片上先绘制文本框，然后在文本框中输入或粘贴文本。

文本输入以后，可以利用"开始"选项卡"字体"组或"段落"组中的选项进行格式设置，也可以利用"格式"选项卡"艺术字样式"组来设置文本的轮廓、填充、效果和样式。

（2）插入图形、图片、艺术字、表格等

在幻灯片中插入图形、图片和艺术字，以及插入表格等方法与在 Word 2010 中插入的方法类似，此处不作过多介绍。

（3）插入音频和视频

幻灯片上也可以根据需要插入音频和视频文件，只要在"插入"选项卡上单击"音频"或"视频"按钮即可选择需要的音频视频文件插入到幻灯片。

插入音频对象后，会自动显示"音频工具/格式"和"音频工具/播放"选项卡，如图 4-3-4 所示；插入视频对象后，也会自动显示"视频工具/格式"和"视频工具/播放"选项卡。通过使用这些选项卡中的命令，可以设置音频或视频的格式和播放方式。

图 4-3-4 "音频工具/播放"选项卡

4. 节的应用

在 PowerPoint 2010 中，可用通过"节"的功能来组织幻灯片，"节"就像是使用文件夹来管理文件一样。如果演示文稿中幻灯片比较多，使用"节"是非常有效的。

新建"节"的方法：在普通视图左窗格的"幻灯片"选项卡中，将光标置于要添加节的两个幻灯片之间，单击"开始"选项卡"幻灯片"组中的"节"按钮，在下拉列表中选择"新增节"选项即可。

5. 视图的切换

PowerPoint 2010 的视图主要有普通视图、幻灯片浏览、备注页、阅读视图。切换视图可以通过"视图"选项卡"演示文稿视图"组中的按钮，或者利用窗口底部右侧的"视图切换"按钮来切换不同的视图。

6. 放映幻灯片

演示文稿制作完成后，即可进行放映。一般情况下有两种放映情况：

① 从头开始放映：可以通过单击"幻灯片放映"选项卡中的"从头开始"按钮放映。

② 从当前的幻灯片开始放映：可以通过单击"幻灯片放映"选项卡中的"从当前幻灯片开始"按钮，或单击状态栏右侧的"幻灯片放映"按钮。

7. 打印演示文稿

选择"文件"选项卡中的"打印"命令，打开图 4-3-5 所示的窗口，右侧是预览窗格，中间可进行有关的打印设置，编辑页眉和页脚，最后单击"打印"按钮。

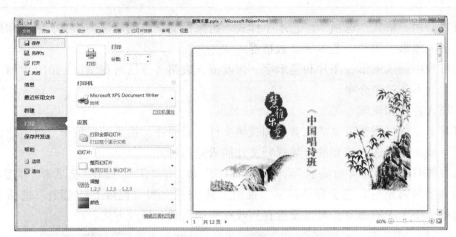

图 4-3-5　打印窗口

4.3.2　幻灯片的风格设计

幻灯片的风格设计包括设计模板、主题、母版、版式的应用、页眉、页脚、幻灯片背景的设置。

1. 设计模板的应用

PowerPoint 2010 模板是以扩展名为“.potx”保存的包含版式、主题颜色、主题字体、主题效果和背景样式，甚至还可以包含内容的一张幻灯片或一组幻灯片文件。

PowerPoint 2010 提供了多种不同类型的内置免费模板，也可以从 Office.com 和其他合作伙伴网站上获取多种免费模板，也可以创建自己的自定义模板，然后存储、重用以及与他人共享，以方便快捷地创建外观统一的演示文稿。

2. 主题的应用

主题是一组统一的设计元素，它使用颜色、字体和效果来设置幻灯片的外观。PowerPoint 2010 提供的多个标准的预设主题，通过更改其颜色、字体和效果后生成自定义主题。

① 应用主题样式：在“设计”选项卡的“主题”组中，在展开的列表中选择所需的预设主题样式应用于当前演示文稿中的所有幻灯片。如果只是对选定的幻灯片应用主题，可右击所需的主题样式，在弹出的快捷菜单中选择“应用于选定幻灯片”命令，如图 4-3-6 所示。

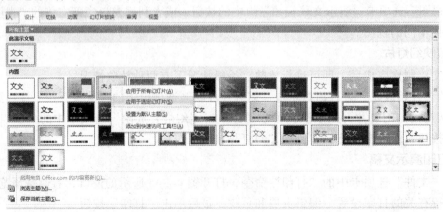

图 4-3-6　主题样式

② 自定义主题：在"设计"选项卡的"主题"组中，可以通过"颜色""字体""效果"三个按钮来自定义主题的颜色、字体和效果。还可以将自定义的主题保存下来。

3. 幻灯片背景的设置

幻灯片背景的设置主要包括背景颜色、阴影、图案和纹理等。这些设置不仅可以应用于当前幻灯片，还可以应用于所有幻灯片。

在"设计"选项卡"背景"组中单击"背景样式"按钮，在展开的"背景样式"下拉列表（见图 4-3-7）中选择需要的背景样式，即将该背景样式应用于幻灯片。

在展开的下拉列表中选择"设置背景格式"选项，打开"设置背景格式"对话框（见图 4-3-8），通过该对话框可以设置背景的填充、图片更正、图片颜色和艺术效果。

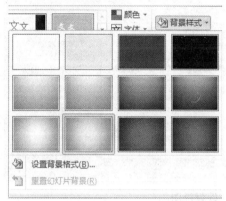

图 4-3-7 "背景样式"下拉列表

图 4-3-8 "设置背景格式"对话框

要对选定的幻灯片设置背景，则需右击背景样式，在弹出的快捷菜单中选择"应用于选定幻灯片"命令即可。

4. 页眉和页脚

在幻灯片中插入页眉和页脚，可以使幻灯片更易于阅读，在页眉和页脚中可以包含希望能显示在幻灯片上的一些标志信息，如编号、日期、指定文本等。

在"插入"选项卡"文本"组中单击"页眉和页脚"按钮，打开"页眉和页脚"对话框（见图 4-3-9），通过该对话框可以幻灯片编号、日期和时间、页脚文本等进行设置。单击"应用"按钮即可应用到当前幻灯片上，单击"全部应用"按钮可应用到所有幻灯片上。

5. 幻灯片的母版和版式

母版是用于设计和规划演示文稿的风格和统一内容。通过使用幻灯片母版功能，可以快速生成演示文稿中所需的幻灯片样式，从而减少重复输入和设置，大大提高工作效率。对母版的改动将会影响到应用该母版的每一张幻灯片。

图 4-3-9 "页眉和页脚"对话框

在 PowerPoint 2010 中，母版设置了"主母版"和"版式母版"两类，其中可以把"主母版"看成是共性设置，"版式母版"则是个性设置。母版类型有三种：幻灯片母版、讲义母版和备注母版。每个母版可以拥有多个不同的版式，版式是构成母版的元素，本节主要讲解幻灯片母版的使用。

在"视图"选项卡的"母版视图"组中单击"幻灯片母版"按钮，进入幻灯片母版视图（见图 4-3-10），并自动显示"幻灯片母版"选项卡。幻灯片母版是最常用的母版，它包含五个占位符：标题区、对象区、日期区、页眉页脚区和数字区。

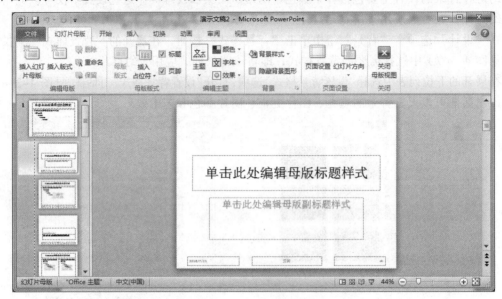

图 4-3-10　幻灯片母版视图

对幻灯片母版的操作与普通幻灯片的操作大同小异。在左侧窗格中选择"版式"，在编辑区的占位符中插入相应文本，利用"幻灯片母版"选项卡可以更改母版的版式、主题、背景、页面设置等。设置完成后单击"关闭母版视图"按钮返回幻灯片编辑状态。

4.3.3　幻灯片的动画与效果

为使幻灯片更加丰富多彩，更具吸引力，可以为幻灯片、文本、标题、图片等对象添加动态效果来为演示文稿增色，如幻灯片的切换、幻灯片里对象的动画、超链接和动作效果等，这样可以使演示文稿更具特色，以达到突出重点、控制信息的流程，并提高演示文稿的趣味性。

1. 幻灯片的切换效果

幻灯片的切换效果是指一张幻灯片切换到另一张幻灯片时的过渡转场方式，包括切换效果、切换速度及伴随声音和换片方式。

① 选择切换效果：选择要添加切换效果的幻灯片，在"切换"选项卡的"切换到此幻灯片"组中单击"切换到此幻灯片"按钮（见图 4-3-11），从展开的预设"切换效果"库中选择所需的切换效果。

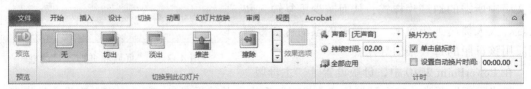

图 4-3-11　"切换"选项卡

② 切换时的声音效果：在"切换"选项卡"计时"组的"声音"下拉列表中，选择所需的声音；在"持续时间"框中，确定所需的声音持续时间。

③ 幻灯片的换片方式：在"切换"选项卡"计时"组的"换片方式"下可以设置手动换片还是自动换片，如果是手动换片则选中"单击鼠标时"复选框；如果是自动换片则选中"设置自动换片时间"复选框，并设置换片时间。

如果要将切换方式应用于所有幻灯片则单击"全部应用"按钮即可。

2. 对象的动画效果

动画效果能使幻灯片上的文本、形状、声音、图像、图表和其他对象具有动画效果。动画效果的设置既可以使用系统预先设置好的一组动画效果，也可以为幻灯片中的对象自定义动画效果。

（1）添加预设动画

选择要添加动画的对象，在"动画"选项卡中单击"动画"组中的按钮，从展开的预"动画"下拉列表中选择所需的动画效果，如图 4-3-12 所示。

（2）添加自定义动画

选择要添加动画的对象，在"动画"选项卡中单击"高级动画"组中的"添加动画"按钮，展开"动画"下拉列表（与图 4-3-12 相似）。一方面可以直接选择对象的进入、强调、退出、路径四种类型的动画效果，另一方面可以分别选择下面的四个选项，在弹出的对话框（见图 4-3-13）中为对象添加四种类型的动画效果。

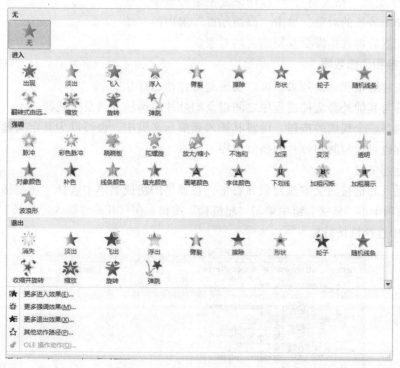

图 4-3-12　四种类型的动画效果

当对象添加动画效果后，可以通过单击"高级动画"组中的"动画窗格"按钮，打开"动画窗格"任务窗格（见图 4-3-14），可以对动画效果做进一步的设置，包括动画方向、计时、文本动画、自动还是手动等。

此外，动画效果的计时也可以通过"动画"选项卡"计时"组（见图4-3-15）中的相关选项来更改。

图4-3-13 "添加进入效果"对话框   图4-3-14 "动画窗格"任务窗格

（3）使用动画刷

"动画刷"类似"格式刷"，可以用来复制动画效果。选择具有某种动画效果的对象，单击"高级动画"组中的"动画刷"按钮，然后再选择需要复制动画的对象。

图4-3-15 "计时"组

3. 超链接和动作效果

通过应用超链接和动作效果，可以实现幻灯片与幻灯片之间、幻灯片与其他外部文件或程序之间以及幻灯片与网站等的自由跳转。

动作按钮是一个现成的按钮，可将其插入到演示文稿中，也可以为其定义超链接。利用动作按钮同样也可以控制幻灯片的播放次序。

（1）创建超链接

选择要插入超链接的文本或对象并右击，在弹出的快捷菜单中选择"超链接"命令，或在"插入"选项卡的"链接"组中单击"超链接"按钮，在打开的"插入超链接"对话框（见图4-3-16）中选择链接目标。

图4-3-16 "插入超链接"对话框

对于已插入的超链接，可以通过选中已插入的超链接对象，在"插入"选项卡"链接"组中单击"超链接"按钮，打开"编辑超链接"对话框，更改超链接设置或删除超链接。

（2）添加动作按钮

选择要添加动作按钮的幻灯片，在"插入"选项卡的"插图"组中单击"形状"按钮，展开"形状"下拉列表，最后一类形状是 PowerPoint 2010 预置的一组带有特定动作的图像按钮，如图 4-3-17 所示。选择要添加的按钮形状，然后鼠标在幻灯片上拖动绘制出该按钮，在打开的"动作设置"对话框（见图 4-3-18）中设置特定的动作效果。

图 4-3-17　预置的动作按钮　　　　　图 4-3-18　"动作设置"对话框

4.3.4　演示文稿的放映设置与分发

对于制作完成的演示文稿，PowerPoint 2010 提供了多种放映和控制方法及发布、打包。

1. 创建排练计时

由于演示文稿在放映时每张幻灯片的放映时间是不一致的。利用排练计时可以很方便地用手动的方法将每张幻灯片播放的时间记录下来，以便实现幻灯片的自动放映。

在"幻灯片放映"选项卡中单击"设置"组中的"排练计时"按钮，进入幻灯片放映，同时出现"录制"工具栏，如图 4-3-19 所示。通过"录制"工具栏中的"下一项"按钮来控制每张幻灯片的放映，同时在工具栏的"计时"框中自动记录当前幻灯片放映的时间，并在右侧累计放映时间。全部放映完成后，会自动弹出一个提示框（见图 4-3-20），询问"是否要保留新的幻灯片排练时间"，单击"是"按钮即可。

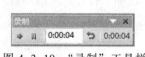

图 4-3-19　"录制"工具栏　　　　　　图 4-3-20　录制完成后的提示框

2. 创建自定义放映

自定义放映是一种灵活的放映方式，它可以将演示文稿中的所有幻灯片进行重组，生成新的放映内容组。

在"幻灯片放映"选项卡，单击"开始放映幻灯片"组中的"自定义幻灯片放映"按钮，从下拉列表中选择"自定义放映"选择，打开"自定义放映"对话框，如图 4-3-21 所示。单击"新建"按钮，打开"定义自定义放映"对话框，如图 4-3-22 所示。在"幻灯片放映名称"文本框中输入自定义放映的名称，在"演示文稿中的幻灯片"列表框中，选择需要添加的幻灯片，单击"添加"按钮至右边的"在自定义放映中的幻灯片"列表框中，设置完成后单击"确定"按钮，即完成自定义放映的建立。

图 4-3-21 "自定义放映"对话框

图 4-3-22 "定义自定义放映"对话框

3. 设置放映方式

在"幻灯片放映"选项卡中单击"设置"组中的"设置幻灯片放映"按钮，在打开的"设置放映方式"对话框中，如图 4-3-23 所示，可以设置放映类型、放映范围、放映选项、换片方式等。

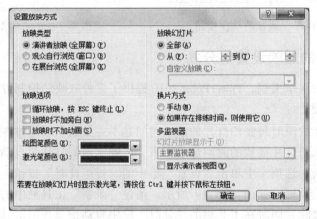

图 4-3-23 "设置放映方式"对话框

4. 录制幻灯片演示

在"幻灯片放映"选项卡中单击"设置"组中的"录制幻灯片演示"按钮，从展开的下拉列表中选择"从头开始录制"或"从当前幻灯片开始录制"选项，打开"录制幻灯片演示"对话框，选中"幻灯片和动画计时"和"旁白和激光笔"复选框，单击"开始录制"按钮，可以录制幻灯片中的动画、幻灯片、旁白和激光笔等操作。

5. 分发幻灯片

（1）创建幻灯片放映文件

PowerPoint 放映文件可以在不启动 PowerPoint 的情况下进行放映。

方法：选择"文件"选项卡中的"保存并发送"命令，打开"保存并发送"窗口（见图 4-3-24），选择"更改文件类型"选项，然后在右侧"演示文稿文件类型"选项组中选择"PowerPoint 放映"，单击"另存为"按钮加以保存，即在指定位置下保存了一个扩展名为".ppsx"的放映文件。

（2）创建为 PDF/XPS 文档

方法：在图 4-3-24 所示的窗口中选择"创建 PDF/XPS 文档"选项，在"创建 PDF/XPS 文档"选项组中单击"创建 PDF/XPS"按钮，打开"发布为 PDF 或 XPS"对话框，选择文件保存位置，然后单击"发布"按钮即在指定位置保存了一个扩展名为".pdf"或".xps"的文件。

（3）打包成 CD

为了能将制作完成的演示文稿分发或转移到其他计算机上播放，PowerPoint 2010 提供了将演示文稿打包成 CD 功能。

方法：如图 4-3-24 所示的窗口中选择"将演示文稿打包成 CD"选项，再单击"打包成 CD"按钮，打开"打包成 CD"对话框，进行各项打包设置即可。

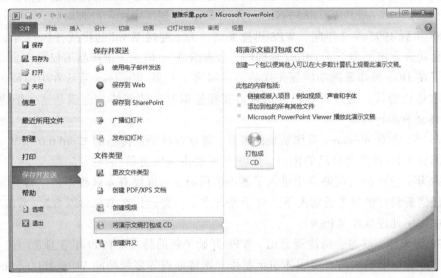

图 4-3-24 "保存并发送"窗口

知识拓展：WPS Office

WPS Office 是由金山软件股份有限公司自主研发的一款办公软件套装，可以实现办公软件最常用的文字、表格、演示等多种功能。具有内存占用低、运行速度快、体积小巧、强大插件平台支持、免费提供海量在线存储空间及文档模板、支持阅读和输出 PDF 文件、全面兼容微软 Office 97-2010 格式（doc/docx/xls/xlsx/ppt/pptx 等）独特优势。覆盖 Windows、Linux、Android、iOS 等多个平台。

WPS Office 支持桌面和移动办公。且 WPS 移动版通过 Google Play 平台，已覆盖的 50 多个国家和地区，WPS for Android 在应用排行榜上领先于微软及其他竞争对手，居同类应用之首。

软件特点

① 兼容免费：WPS Office 个人版对个人用户永久免费，包含 WPS 文字、WPS 表格、WPS 演示三大功能模块，与 MS Word、MS Excel、MS PowerPoint 一一对应，应用 XML 数据交换技

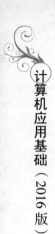
术，无障碍兼容 doc.xls.ppt 等文件格式。

② 体积小：WPS 仅仅只有 MS 的 1/12，它在不断优化的同时，体积依然保持小于同类软件，不必耗时等待下载，也不必为安装费时头疼，几分钟即可下载安装，启动速度较快，让办公速度"飞起来"。

③ 多种界面切换：充分尊重用户的选择与喜好，提供四界面切换，用户可以无障碍地在新界面与经典界面之间转换，熟悉的界面、熟悉的操作习惯呈现，无需再学习。

④ "云"办公：使用快盘、Android 平台的移动 WPS Office，随时随地的阅读、编辑和保存文档，还可将文档共享给工作伙伴。

发展历程

1988 年 5 月，一个叫求伯君的普通技术人员在一个宾馆的出租房间里凭借一台 386 计算机写出了 WPS（Word Processing System）1.0，从此开创了中文字处理时代。

1988 年到 1995 年 7 年间，WPS 迅速发展。为了迎接 Word 的挑战，1993 年，求伯君带领金山公司开发出了类似于 Office 套件的"盘古组件"，但是，该产品不仅没有赢得市场，而且丢掉了在 DOS 操作系统中的领先优势。1994 年，微软 Windows 系统在中国悄然登陆。金山与微软达成协议，通过设置双方都可以互相读取对方的文件，也就是这一纸协议，成为 WPS 由盛到衰的转折点。

1996 年，随着 Windows 操作系统的普及，通过各种渠道传播的 Word 6.0 和 Word 97 成功地将大部分 WPS 过渡为自己的用户，WPS 的发展进入历史最低点。

1997 年，盘古的失利使金山进入了发展的低谷，一度仅有 4 名程序员坚持开发。求伯君在没有任何资料可供参考的情况下，终于摸索出了一套运行在 Windows 3.X、Windows 95 环境下的中文字处理软件 WPS 97。

1998 年 8 月，联想公司注资金山，WPS 开始了新的腾飞。1999 年 3 月 22 日，隆重发布集成文字办公、电子表格、多媒体演示制作和图像处理等多种功能 WPS 2000。2001 年，金山推出了《WPS 2000 繁体版》，迅速打开了香港、台湾和澳门等使用繁体字地区的市场。

2001 年 5 月，WPS 正式更名为 WPS Office。同时细分为多个版本，其中包括 WPS Office 专业版、WPS Office 教师版和 WPS Office 学生版，力图在多个用户市场里全面出击。同时为了满足少数民族的办公需求，WPS Office 蒙文版发布。

2001 年 12 月 28 日，中国政府首次进行大规模正版软件采购，经过历时半年的甄选，WPS Office 通过采用国家机关最新公文模板，支持国家最新合同标准和编码标准 GB 2312—18030 等，得到了政府部门的青睐。

2002 年，百名研发精英彻底放弃 14 年技术积累，新建产品内核，重写数十万行代码，开始了长达三年的卧薪尝胆。终于研发出了拥有完全自主知识产权的 WPS Office 2005。

2006 年，WPS Office 吹响进军海外的号角。9 月，WPS 日文版（Kingsoft Office 2007）在日本东京发布。2007 年 5 月，WPS Office 英文版在越南发布，开始进入英文市场。

2013 年 5 月 17 日发布了 WPS Office 2013 版本，更快更稳定的 V9 引擎，启动速度提升 25%；更方便更省心的全新交互设计，大大增强用户易用性；随意换肤的 WPS，四套主题随心切换；协同工作更简单，PC、Android 设备无缝对接。

2014 年 3 月 25 日，WPS 6.0 for Android 正式发布，个人版永久免费，体积小、速度快；

独有手机阅读模式，字体清晰翻页流畅；完美支持微软 Office、PDF 等 23 种文档格式；文档漫游功能等等。

2015 年 9 月初，正式发布 WPS Office 2016，该版本是 WPS 2013 版问世以来最重要的一次产品迭代更新。与旧版相比，新版 WPS Office 加入了许多新的产品特性和功能，兼顾了个人用户和行业用户的日常需求，试图从产品到服务大幅提升办公软件的用户体验。

本 章 小 结

本章介绍了 Microsoft Office 2010 中的三大办公软件 Word、Excel 和 PowerPoint 的应用和实际的操作。

对于 Word 2010 主要介绍了文档的基本操作、文档格式的编排、各种对象的插入与设置、表格的应用以及文档的一些高级应用等；对于 Excel 2010 主要介绍了电子表格的基本操作、公式与函数的应用、工作表的格式化、数据的图表化和数据统计与管理等基本应用；对于 PowerPoint 2010 主要介绍了演示文稿的基本操作、幻灯片的风格设计、幻灯片的动画与效果设置以及演示文稿的放映设置等。

本章的目的是希望通过对 Microsoft Office 2010 三个办公软件的学习，能够掌握文档、电子表格和演示文稿的基本操作，并结合实际应用到工作、学习和生活中来。

本 章 习 题

一、单选题

1. Word 2010 的模板文件扩展名为_____。

    A．.doc   B．.dat   C．.xlsx   D．.dotx

2. Word 的查找、替换功能非常强大，下面的叙述中正确的是_____。

    A．不可以指定查找文字的格式，只可以指定替换文字的格式

    B．可以指定查找文字的格式，但不可以指定替换文字的格式

    C．不可以按指定文字的格式进行查找及替换

    D．可以按指定文字的格式进行查找及替换

3. 在 Word 中，执行"粘贴"操作后_____。

    A．剪贴板中的内容被清空   B．剪贴板中的内容不变

    C．选择的对象被粘贴到剪贴板   D．选择的对象被录入到剪贴板

4. 在 Word 2010 中，不能够实现复制的操作包括_____。

    A．先选定文本，按【Ctrl+C】组合键后，再到插入点按【Ctrl+V】组合键

    B．选定文本，单击"开始"选项卡中的"复制"按钮后，将光标移动到插入点，单击"开始"选项卡中的"粘贴"按钮

    C．选定文本，按住【Shift】键的同时按住鼠标左键，将光标移到插入点

    D．选定文本，按【Ctrl】键并按住鼠标左键，移到插入点

5. 在 Word 操作中，选定文本块后，鼠标指针变成箭头形状，_____拖动鼠标到需要

处即可实现文本块的移动。

    A. 按住【Ctrl】键 B. 按住【Esc】键   C. 按住【Alt】键   D. 无需按键

6. 在 Word 中，查找操作＿＿＿＿＿＿。

    A. 可以无格式或带格式进行，还可以查找一些特殊的非打印字符

    B. 只能带格式进行，还可以查找一些特殊的非打印字符

    C. 搜索范围只能是整篇文档

    D. 可以无格式或带格式进行，但不能用任何通配符进行查找

7. Word 的文档中可以插入各种分隔符，以下一些说法中错误的是＿＿＿＿＿＿。

    A. 默认文档为一个"节"，若对文档中间某个段落设置过分栏，则该文档自动分成了三个"节"

    B. 在需要分栏的段落前插入一个"分栏符"，就可对此段落进行分栏

    C. 文档的一个节中不可能包含不同格式的分栏

    D. 一个页面中可能设置不同格式的分栏

8. 在 Word 2010 中，要设置字间距，可选择＿＿＿＿＿＿命令。

    A. "开始"选项卡"段落"组中的"行和段落间距"

    B. "开始"选项卡"段落"组中的"字符间距"

    C. "页面布局"选项卡中的"字符间距"

    D. "开始"选项卡"段落"组中的"缩进与间距"

9. Word 的"格式刷"可用于复制文本或段落的格式。若要将选中的文本或段落格式重复应用多次，应＿＿＿＿＿＿按钮。

    A. 单击"格式刷" B. 双击"格式刷" C. 右击"格式刷"   D. 拖动"格式刷"

10. 在 Word 中对表格进行拆分与合并操作时，＿＿＿＿＿＿。

    A. 一个表格可拆分成上下两个或左右两个

    B. 对表格单元格的合并，可以左右或上下进行

    C. 对表格单元格的拆分要上下进行；合并要左右进行

    D. 一个表格只能拆分成左右两个

11. 在 Word 2010 中，要插入艺术字需通过＿＿＿＿＿＿命令。

    A. "插入"选项卡"文本"组中的"艺术字"

    B. "开始"选项卡"样式"组中的"艺术字"

    C. "开始"选项卡"文本"组中的"艺术字"

    D. "插入"选项卡"插图"组中的"艺术字"

12. 在 Word 2010 中，每一页都要出现的一些信息应放在在＿＿＿＿＿＿。

    A. 文本框   B. 脚注   C. 第一页   D. 页眉/页脚

13. 下列＿＿＿＿＿＿不是使用 SmartArt 的好处。

    A. 如果要将一种图示改成其他图示（例如将流程图改成循环图），无需重新手工绘制，SmartArt 会自动转换

    B. 可以快速插入专业效果的图示

    C. 可以在 SmartArt 的文本窗格输入文字，文字手动添加到相应的图形上

    D. 可以随着输入文字，自动添加或减少图形并自动完成布局

14. 在 Excel 中，对单元格的引用有多种，被称为绝对引用的是_____。
    A. A1   B. A$1   C. $A1   D. A1
15. 若要把一个数字作为文本（例如，邮政编码、电话号码、产品代号等），只要在输入时加上一个_____，Excel 就会把该数字作为文本处理，将它沿单元格左边对齐。
    A. 双撇号   B. 单撇号   C. 分号   D. 逗号
16. 在 Excel 工作表的单元格中输入公式时，应先输入_____号。
    A. =   B. &   C. @   D. %
17. 在 Excel 2010 中，对工作表中公式单元格作移动或复制时，以下正确的说法是_____。
    A. 其公式中的绝对地址和相对地址都不变
    B. 其公式中的绝对地址和相对地址都会自动调整
    C. 其公式中的绝对地址不变，相对地址自动调整
    D. 其公式中的绝对地址自动调整，相对地址不变
18. 对选定的单元格和区域命名时，需要选择_____选项卡"定义的名称"组中的"定义名称"命令。
    A. 开始   B. 插入   C. 公式   D. 数据.
19. 在 Excel 中，若要对 A1 至 A4 单元格内的四个数字求平均值，不可采用的公式或函数_____。
    A. SUM(A1:A4)/4   B. (A1+A2:A4)/4
    C. (A1+A2+A3+A4)/4   D. AVERAGE(A1:A4)
20. 在 Excel 中，如果要在 G2 单元得到 B2 到 F2 单元的数值和，应在 G2 单元输入_____。
    A. = SUM(B2 F2)   B. = SUM(B2:F2)
    C. = B:F   D. SUM(B2:F)
21. 在 Excel 中，对数据表进行自动筛选后，所选数据表的每个字段名旁都对应着一个_____。
    A. 下拉列表   B. 对话框   C. 窗口   D. 工具栏
22. 如果要对数据进行分类汇总，必须先对数据_____。
    A. 按分类汇总的字段排序，从而使相同的记录集中在一起
    B. 自动筛选
    C. 按任何一字段排序
    D. 格式化
23. PowerPoint 模板的扩展名是_____。
    A. potx 或 pot   B. pptx 或 ppt   C. prtx 或 prt   D. pftx 或 pft
24. 在 PowerPoint 2010 中，使用_____选项卡中的"幻灯片母版"命令，可以进入"幻灯片母版"视图。
    A. 编辑   B. 工具   C. 视图   D. 格式
25. 以下关于 PowerPoint 2010 的主题的说法，不正确的有_____。
    A. 在演示文稿中应用主题之后，"快速样式"库将发生变化，以适应该主题

B. 在演示文稿中插入的所有新 SmartArt 图形、表格、图表、艺术字或文字均会自动与现有主题匹配

C. PowerPoint 2010 的主题，不能用于 Word 2010 或 Excel 2010

D. 选择主题，可以使幻灯片中胡表格、图表和图形等的颜色和样式统一变化，并要确保它们能相互匹配

26. 在 PowerPoint 2010 中，可以通过"设置背景格式"对话框设置背景的填充、图片更正、_____和艺术效果。

    A. 图片版式   B. 图片样式   C. 图片位置   D. 图片颜色

27. 在 PowerPoint 2010 中，可以通过"设置放映方式"对话框设置_____等。

    A. 放映方式   B. 放映时间   C. 换片方式   D. 切换方式

28. 在 PowerPoint 2010 中，要给幻灯片应用逻辑节，要通过"开始"选项卡_____组来实现。

    A. 段落   B. 编辑   C. 绘画   D. 幻灯片

29. 在 PowerPoint 2010 中，为幻灯片中的对象自定义动画效果，不能选择添加动画的_____效果。

    A. 进入   B. 强调   C. 退出   D. 声音

30. PowerPoint 的超链接可以使幻灯片播放时自由跳转到_____。

    A. 某个 Web 页面   B. 演示文稿中的某一指定的幻灯片

    C. 某个 Office 文档或文件   D. 以上都可以

二、填空题

1. 在 Word 中利用水平标尺可以设置段落的_____格式。

2. 在 Word 中一种选定矩形文本块的方法是按住_____键的同时用鼠标拖动。

3. 在 Word 中，图片格式有嵌入型、_____、紧密型、衬于文字下方、浮于文字上方。

4. 若单元格引用随公式所在单元格位置的变化而改变，则称为_____。

5. 在 Excel 中，修改活动单元格中的数据时，可先将插入点置于_____中待修改数据的位置，然后进行修改。

6. 在 Excel 2010 中，除了可以直接在单元格中输入函数外，还可以单击编辑栏上的_____按钮来输入函数。

7. 在 Excel 中，在 A2 和 B2 单元格中分别输入数值 18 和 16，当选定 A2:B2 区域，用鼠标拖动填充柄到 E2 单元，E2 单元中的值是_____。

8. 在 PowerPoint 2010 中，母版视图分为_____、讲义母版和备注母版三类。

9. 在"动画"选项卡的"动画"组中有四种类型的动画方案，分别为进入动画方案、强调动画方案、_____和动作路径动画方案。

10. 在 PowerPoint 中，需要复制幻灯片中的动画效果，可在"动画"选项卡的"高级动画"组中，单击_____按钮，即将动画效果复制给其他幻灯片对象。

第 5 章

➡ 多媒体技术

随着计算机技术的发展，计算机已不再只是计算或文字处理的工具，它已融入人们生活与工作的方方面面。多媒体技术的发展，使计算机由办公室、实验室中的专用品变成了信息社会的普遍工具，广泛应用于教育、信息咨询、商业广告、甚至家庭生活和娱乐等领域。尤其是移动技术与多媒体技术的结合。使得各类智能移动设备纷纷出现，从而使多媒体技术成为了当前科技热点之一。

5.1　多媒体技术概述

随着计算机软、硬件技术的进一步发展，计算机的处理信息的能力越来越强，计算机的应用领域得到了进一步拓展，应用需求也大幅度增加，在很大程度上促进了多媒体技术的发展和完善。多媒体技术由当初的单一媒体形式逐渐发展到目前的动画、文字、声音、视频、图像等多种媒体形式。

5.1.1　多媒体和多媒体技术

1. 什么是媒体

媒体（Media）是指传播信息的媒介，通俗地说就是宣传的载体或平台，能为信息的传播提供平台的就可以称为媒体。媒体的概念范围相当广泛，一般可分为感觉媒体、表示媒体、显示媒体、存储媒体和传输媒体五大类。如日常生活中的报纸和杂志、广播、电视等，信息借助于这些载体得以交流和传播。

计算机领域中的媒体有两种含义：一种是存储信息的实体，如磁盘、光盘等，另一种是传递信息的载体，如文字、声音、图像、动画、视频等。我们这里所指的媒体是后者。

2. 什么是多媒体

多媒体（Multimedia）是由两个或两个以上单媒体组合而成，是把多种媒体（文字、声音、图形、图像、动画、视频等）集成在一起而产生的一种传播和表现信息的载体。

日常生活中媒体传递信息的基本元素是声音、文字、图像、动画、视频等，这些基本元素的组合就成了经常接触的各种信息。计算机中的多媒体就是用这些基本媒体元素的"有机"组合来传递信息的。

3. 什么是多媒体技术

多媒体技术（Multimedia Technology）就是将文本、图形、图像、声音、动画、视频等多

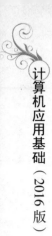

种媒体信息通过计算机进行数字化采集、编码、存储、传输、处理和再现等，使多种媒体信息建立逻辑关系，并集成为一个具有交互性的系统。简而言之，多媒体技术就是利用计算机综合处理图、文、声、像等信息的技术。

多媒体技术是一门跨学科的综合性技术。它包括信息处理技术、信息压缩技术、多媒体计算机技术、多媒体数据库技术、多媒体网络通信技术等。

多媒体技术具有的特点：媒体数据存储的数字化；信息媒体和媒体处理方式的多样化；媒体本身及处理媒体的各种设备的集成性；用户与媒体及设备间的交互性；以及音频、视频媒体与时间密切相关的实时性等。

5.1.2　多媒体技术与应用

多媒体技术的引进，极大地改善了人和计算机之间的交互界面，提高了计算机的易用性与可用性，扩大了计算机的应用领域，促使了全新的产品和服务面世，同时，也推动了多媒体技术自身的发展。

1. 多媒体关键技术

多媒体技术就是利用计算机来综合处理图、文、声、像等信息的技术。它的关键技术主要有数据压缩技术、大容量存储技术、多媒体同步技术、虚拟现实技术等。

（1）多媒体压缩技术

数字化后的多媒体信息数据量十分庞大，直接存储和传输这些原始数据费时费力，也不大现实，另外在这些原始数据中，还存在大量的数据冗余，通过多媒体压缩技术和编码技术在保持数据不受损，或受损不大的情况下，进行存储与传输，使用时又能解压还原。

所谓数据压缩，就是指在不丢失有用信息的前提下，缩减数据量以减少存储空间，提高其传输、存储和处理效率，或按照一定的算法对数据进行重新组织，减少数据的冗余和存储的空间的一种技术方法。与数据压缩相对应的处理称为解压缩（又称数据还原），它是将压缩数据通过一定的解码算法还原到原始信息的过程。

衡量压缩编码方法优劣的重要指标有压缩率、压缩与解压缩速度、算法的复杂程度。压缩率小、压缩与解压缩速度快、算法简单、解压还原后的质量好，则被认为是好的压缩算法。数据压缩技术一般可分为有损压缩和无损压缩两种。

无损压缩式是指压缩还原后的图像与压缩前一样的一种压缩方式。例如游程长度编码（Run-Length Coding，RLC），其原理是相邻像素如果颜色相同，那么只需保存一次颜色信息。从本质上看，无损压缩可以删除一些重复数据，大大减少保存的数据量。

有损压缩则无法将压缩数据还原到与压缩前完全一样的状态。有损压缩可以大大减少数据的存储量，还原后数据的质量差了不大。例如 JPEG 图像压缩技术，就是基于人眼的特征，压缩时抛弃了部分颜色信息的高频成分，保留表示亮度的低频成分，使得图像数据大大减小；再比如 MP3 技术是基于人耳对高频声音不敏感的特点，抛弃了高频音的信息，从而使声音的压缩率降低到 1/12。

（2）大容量存储技术

多媒体数据的存储技术主要解决的是多媒体信息的逻辑组织、存储体的物理特性、逻辑组织到物理组织的映射关系、多媒体信息的存取访问方法、访问速度和存储可靠性等问题。涉及的技术主要有光存储技术和移动存储技术。

随着光学技术、激光技术、微电子技术、材料科学、细微加工技术、计算机与自动控制技术的发展，光存储技术在记录密度、容量、数据传输率、寻址时间等关键技术上有了巨大的发展。光存储介质统称光盘，它分成两类，一类是只读型光盘，其中包括 CD-Audio、CD-Video、CD-ROM、DVD-Audio、DVD-Video、DVD-ROM 等；另一类是可记录型光盘，它包括 CD-R、CD-RW、DVD-R、DVD+R、DVD+RW、DVD-RAM 等各种类型。

随着信息技术的发展，移动存储技术已经在信息领域得到广泛应用。移动存储指便携式的数据存储装置，指带有存储介质且（一般）自身具有读写介质的功能，不需要或很少需要其他装置（例如计算机）等的协助。移动存储设备主要有采用磁存储技术的移动硬盘、采用半导体存储技术的 USB 盘和各种存储卡（如 SD 卡）等。这些设备具有高度集成、快速存取、方便灵活、性价优良、容易保存、体积小、重量轻，便于携带等性能。

（3）多媒体同步技术

多媒体同步技术目的就是向用户展示多媒体信息时，保持媒体对象之间固有的时间关系。各种媒体分布在不同的空间和时间里，将数据按事件顺序和空间缓冲区地址的安排，恰当地组合起来。

多媒体同步包含两类同步：一类是流内同步，其主要任务是保证单个媒体流间的简单时态关系，也就是按一定的时间要求传送每一个媒体对象，以满足感知上的要求。另一类是流间同步，主要任务是保证不同媒体间的时间关系，如音频和视频之间的时态关系、音频和文本之间的时态关系等。流间同步的复杂性和需要同步的媒体的数目有关。

多媒体同步技术的研究一直倍受重视，多媒体标准中也考虑了同步问题。例如，MEPG标准考虑了音频和视频之间的同步问题，利用符合 MPEG 标准的产品采集的音频和视频之间具有很好的同步。

与时间相关的媒体（时序媒体），如声音、动画、视频等信息的同步控制是多媒体信息处理中的关键技术之一。

（4）虚拟现实技术

虚拟现实技术（Virtual Reality，VR）是近年来出现的高新技术，也称灵境技术或人工环境。虚拟现实是利用计算机模拟产生一个三维空间的虚拟世界，提供使用者关于视觉、听觉、触觉等感官的模拟，让使用者如同身历其境一般，可以及时、没有限制地观察三度空间内的事物。

VR 是一项综合集成技术，涉及计算机图形学、人机交互技术、传感技术、人工智能等领域，它用计算机生成逼真的三维视、听、嗅觉等感觉，使人作为参与者通过适当装置，自然地对虚拟世界进行体验和交互作用。使用者进行位置移动时，计算机可以立即进行复杂的运算，将精确的 3D 世界影像传回产生临场感。该技术集成了计算机图形（CG）技术、计算机仿真技术、人工智能、传感技术、显示技术、网络并行处理等技术的最新发展成果，是一种由计算机技术辅助生成的高技术模拟系统。

概括地说，虚拟现实是人们通过计算机对复杂数据进行可视化操作与交互的一种全新方式，与传统的人机界面以及流行的视窗操作相比，虚拟现实在技术思想上有了质的飞跃。

2. 新媒体下的多媒体技术

随着网络技术和 Internet 的不断发展，在原先的报刊、广播、电视等传统媒体上发展起来的一批基于网络多媒体技术和移动多媒体技术的新媒体形态，包括网络媒体、手机媒体、数字电视等。

（1）多媒体网页

网络作为第四媒体给人们带来了更多形式的信息，多媒体技术的应用首先表现在大量的多媒体网页中，在网页设计过程中，可以将文本、图像、声音、动画、视频等各种媒体信息插入到网页中来，通过网页浏览器将多媒体信息呈现给用户。

为了适应用户上网浏览的不同需求，网页浏览器中包含针对不同媒体显示方式的设置。例如，在 IE 浏览器中，通过"工具"→"Internet 选项"命令打开"Internet 选项"对话框，选择"高级"选项卡（见图 5-1-1），可以很方便的进行相关的多媒体设置，从而更改浏览器中图像、动画、声音、视频等多媒体信息的显示方式。

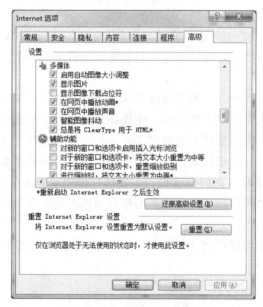

图 5-1-1 "高级"选项卡

（2）流媒体传输技术

在网络上传输音视频等多媒体信息主要有下载方式和流媒体传输两种方案。传统下载方式的时延很大，因为音视频文件一般都较大，需要的存储容量也较大，同时受到网络带宽的限制，下载一个文件很耗时，这种方式不但浪费下载时间、硬盘空间，而且使用起来非常不方便。因此目前在网络中采用的是流媒体传输技术来传输声音、动画、视频等数据量较大的媒体信息。

流媒体就是指采用流媒体传输技术在网络上连续实时播放的媒体格式，如音频、视频或多媒体文件。流媒体技术也称流式媒体技术，就是把连续的影像和声音信息经过压缩处理后放上网站服务器，由流媒体服务器向用户计算机顺序或实时地传送各个压缩包，让用户一边下载一边观看、收听，而不要等整个压缩文件下载到自己的计算机上才可以观看的网络传输技术。该技术先在使用者端的计算机上创建一个缓冲区，在播放前预先将下一段数据作为缓冲，在网络实际连线速度小于播放所耗的速度时，播放程序就会取用一小段缓冲区内的数据，这样可以避免播放的中断，也使得播放品质得以保证。

以流媒体技术为核心的视频点播、在线电视、远程培训、视频会议等得以广泛的应用。

（3）移动多媒体技术

移动多媒体是一种可便携式移动的设备，该设备是多种技术的融合，使两种或两种以上以上的媒体进行的一种人机交互信息交流和传播的媒介。例如，智能手机已不再是简单的打电话和发短信的工具，现在已成为上网浏览、拍照摄影、收听音乐、观看视频等工具。

随着技术的进步，计算机技术、多媒体技术与通信技术相结合，产生了移动多媒体技术。移动多媒体技术的发展离不开移动终端的发展和无线网络带宽技术的发展，各种智能手机、平板设备、智能穿戴设备的出现，使得用户可以方便携带和使用，而 4G 技术及 5G 技术的发展，则使得多媒体技术才能真正移动起来。

移动设备利用接口可以与计算机的 USB 接口相连，作为信息存储和传递的工具；结合蓝牙技术，可以实现短距离无线通信；通过无线 Wi-Fi 或数据连接进入互联网，享受互联网所带来的多媒体信息；安装相应的软件后，可以听音乐、看视频、导航、叫车、购物等各种应用。

3. 多媒体技术应用

多媒体技术对其他领域的发展也起到了极大的促进作用，多媒体技术的用途相当广泛，如企业宣传、教育应用、电子出版、广告与信息咨询、电子触摸一体机中可用于商场导购、展会导览、信息查询等用途。

所以，多媒体手段往往被广泛用于教育，广告等宣传领域，是企业宣传，产品推广的利器，它的主要载体是 CD-ROM、多媒体触摸屏、宽带网站等，如管理信息系统和办公自动化、家庭应用、虚拟现实等方面。

（1）多媒体网络通信

随着数据通信技术的快速发展，网络多媒体应用系统也得到了极大的应用。如多媒体会议系统，它是一种实时的分布式多媒体网络通信应用的实例，实现人与人之间的"面对面"的虚拟会议环境，它集计算机交互性、通信的分布性以及电视的真实性为一体。还有可视电话、远程医疗、视频点播系统、远程教育系统等多媒体通信。

（2）电子出版物

电子出版物是多媒体技术应用的一个重要方面。以数字代码方式将图文声像等信息编辑加工后存储在磁、光、电介质上，通过计算机或具有类似功能的设备读取使用，以表达思想、普及知识和积累文化，并可复制发行的大众传播媒体。

（3）教育与培训

多媒体技术是多种媒体的组合，对人体多感官的刺激，更能加深人们对新鲜事物的印象，取得更好的学习和训练效果。多媒体技术使传统教学的表现手段从文字、图形扩展成声音、动态图像，并具有极为强大的交互能力，便于学生自己调整进度，达到因材施教的效果。

（4）文化娱乐

文化娱乐始终是多媒体技术应用的前沿。电子游戏以其具有真实质感的流畅动画、悦耳的声音，深受大家的喜爱。近年来在众多白领中流行的虚拟旅游，坐在计算机前就能游览全世界的风景名胜，如北京故宫博物院"超越时空"、网上游世博会等。在影视后期制作中，多媒体技术用来合成影视特效，以此来避免让演员处于危险的境地，减少电影的制作成本，使电影更扣人心弦，如楼房倒塌、海啸、火山喷发等场面。

（5）咨询和公共服务

多媒体技术在咨询和公共服务领域的应用主要是使用触摸屏查询相应的多媒体信息或实现人机的交互，如机场、车站等自动售票机；医院、展览馆、图书馆等的信息查询；购物广场、候车大厅等的信息发布。

5.1.3　多媒体系统的组成

多媒体系统是一种复杂的硬件和软件有机结合的综合系统，它把多媒体与计算机系统融合起来，并由计算机系统对各种媒体进行数字化处理。多媒体系统由多媒体硬件系统和软件系统两大部分组成。

1. 多媒体硬件系统

多媒体硬件系统包括支持各种媒体信息的采集、存储、展现所需要的各种外围设备，如用于实现声音采集和播放的声卡，用于实现多媒体显示的视频卡和显示器，用于各种多媒体信息存储的大容量存储设备，支持程序运行的 CPU 和各种多媒体输入、输出及综合设备。

（1）音频部件及设备

除了耳机、话筒或者音响等声音输入输出设备外，在计算机中，声卡是最基本的多媒体部件，是实现声音 A/D（模拟/数字）、D/A（数字/模拟）转换的硬件电路。多媒体计算机中所安装的声卡的功能与性能直接影响到多媒体系统中的音频效果。

（2）视频部件及设备

视频技术是多媒体技术的重要组成部分，它使得色彩鲜艳的动态图像能在计算机中进行输入、编辑和播放。视频设备除了显示器、数码摄像机、摄像头等设备外，还包括用于数模转换的显卡和用于视频输入的视频采集卡。

（3）大容量存储设备

由于视频、音频等多媒体信息会占用较大的存储空间，通常用光盘来收藏和交流媒体信息，而光盘的使用则需要在计算机上安装相应的光盘驱动器，简称光驱。光驱在多媒体计算机诸多配件中已经成为标准配置。

（4）其他多媒体输入/输出设备

除此之外，在多媒体信息处理中还经常使用触摸屏、扫描仪、手写板、电子笔、数字化仪等作为多媒体输入设备；打印机、绘图仪、摄影机等作为输出设备；而数码照相机、数码摄像机、触摸屏等既具有输入功能，也同时具有输出功能，都被广泛使用在多媒体计算机中。

2. 多媒体软件系统

多媒体软件系统包括支持各种多媒体设备工作的操作系统，各种多媒体的采集、创作和处理工具，将各种多媒体集成起来的各种多媒体创作工具，以及提供给最终用户使用的各种多媒体应用软件。

（1）操作系统中的多媒体功能

为了使多媒体计算机能够处理和表现诸如声音、视频这样的多媒体信息，操作系统中一般需要具有多任务的特点；而对于多媒体信息数据量大的特征，则需要操作系统中必须具有管理大容量存储器的功能；以及在内存容量有限的情况下，能通过虚拟内存技术，借助硬盘的剩余空间来达到这一目的。目前常用的 Windows Server、Windows 7/8/10 等操作系统均具有以上多媒体功能。

（2）多媒体信息处理工具

多媒体信息处理主要就是把通过外围设备采集来的多媒体信息进行加工，包括字处理软件（如记事本、写字板、Word、WPS 等）、绘图和图像处理软件（如 Photoshop、CorelDraw、Illustrator 等）、动画制作软件（如 3ds Max、Maya、Flash、Gif Animation 等）、声音编辑软件（如 Ulead Audio Edit、Adobe Audition、GoldWave 等）以及视频编辑软件（如 Ulead Video Editor、Adobe Premiere）。

（3）多媒体集成工具

多媒体集成工具可以将各种媒体有机集成起来成为一个统一的整体。例如，可以利用程序设计软件 VB、VC++、Delphi 等，或网页制作工具 Dreamweaver 等合成多媒体元素。也可以利用专门的多媒体集成软件实现多媒体元素的合成，例如，基于流程的 Authorware；基于时间顺序的 Director、Flash；基于页或卡片式的 Multimedia ToolBook 等。

针对不同的媒体要采用不同的处理软件，有时会使用不止一个软件，只有这些软件相互配合，才能制作出图、声、文并茂的富有感染力的多媒体作品。

（4）多媒体应用软件

多媒体应用软件是利用多媒体加工和集成工具制作的，一般都具有多媒体集成、超媒体结构、强调交互操作等特点，如辅助教学软件、游戏软件、电子工具书、电子百科全书。

随着网络的发展，网络电视、视频点播、视频音频即时通信、视频会议等利用或通过网络使用的多媒体应用也日益普及。

（5）多媒体播放工具

由于各种多媒体数据是经过压缩存储和传输的，在播放时需要进行实时解压缩，因此就需要多媒体播放器中包含相应的解压缩（又称解码）功能，才能使多媒体作品得以正常播放。

由于各种媒体存储时采用了不同的压缩方式，形成了不同的格式，因此有些多媒体作品可以借助 Windows 系统中默认的媒体播放器（如 Media Player）或网页浏览器来播放，而有些多媒体作品则需要专门的媒体播放器来播放。有时在未知的情况下，也可以借助互联网搜索找到符合需要的媒体播放器。

5.2　音频处理

声音是人类表达思想和情感的重要媒介，是传送信息的媒体之一，同时声音已成为信息化社会人们进行信息交流的重要手段。在多媒体作品中，声音能赋予作品灵气，因此掌握音频的处理技术，可为增加多媒体作品的吸引力打下基础。

5.2.1　音频信号概述

音频信号是带有语音、音乐和音效的有规律的声波的频率、幅度变化信息载体。而声音主要是通过波形表示的。多媒体计算机中的声音主要有两种：波形音频和 MIDI 电子音频。波形音频是通过对外部声音源的采集录制、数字化后获得的，MIDI 电子音频则可以由计算机声卡中的合成器合成。

1. 声音的基本特点

声音是一种通过介质传播的连续波。生活中充满了各种各样的声音，如鸟鸣、乐器声、歌声、鞭炮声。声音有三个要素：音调、音强、音色。

① 音调：即声音频率的高低，频率越高，音调越高。人耳能听到的声音频率范围在 20 Hz～20 kHz 之间。低于这个范围的叫次声，如地震、原子弹爆炸；高于这个范围的叫超声，常用于测距、清洗、碎石等。

② 音强：又称音量，即声音的强弱程度。声音的强弱由振幅决定，振幅越大声音越强，反之则越弱。为了描述声音的强弱，采用分贝（dB）作为音量的单位，分贝数越大代表所发出的声音越大。

③ 音色：即声音的特色。日常生活中都有这样的感受，即使在同一音高和同一声音强度的情况下，也能区分出声音是由不同乐器或人发出的，这就是音色。

2. 音频信号数字化

计算机只能处理 0、1 数字信号，自然界中的各种声音都是模拟信号，必须经过数字化后方可利用计算机进行处理。数字化过程包括采样、量化、编码，如图 5-2-1 所示。

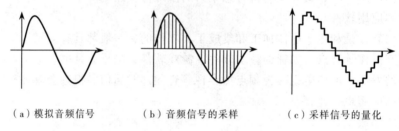

（a）模拟音频信号　　　　（b）音频信号的采样　　　　（c）采样信号的量化

图 5-2-1　音频信号的采样和量化

（1）采样

采样就是每隔一段时间在声波上取一个点。经过采样，连续的声音波形变成许多独立的采样点。采样频率是指每秒采集多少个采样点，它用赫兹（Hz）来表示。采样频率越高，采样点就越密集，也就越接近原来的波形，声音还原质量就好。当前声卡常用的采样频率一般为 11.025 kHz（电话音质）、22.05 kHz（广播音质）、44.1 kHz（CD 音质）。

（2）量化

量化就是将采样得到的数据调整到能使用一定范围的二进制表示的数值。表示采样值的二进制位数称为量化位数（又称采样精度），常用的量化位数一般有 8 位、16 位、32 位等，位数越多，计算机对声音波形描述的精度就越高，声音还原后的质量也越好。

（3）编码

编码是将量化后的数据以一定的格式记录下来，如 PCM 编码、WAV 格式、MP3 编码等。

3. 声音文件的数据量

声音文件的数据量是由采样频率、采样精度和声道数来决定的，其中声道数是指在录制或播放时不同音源的数量。

计算存储量可以使用如下公式：

$$数据量＝(采样频率×采样精度×声道数×时间)÷8$$

例如，采用 44.1kHz 的采样频率，16 位采样精度和双声道来录制 1 分钟音乐，在不压缩的情况下其数据量是约 10 MB，计算如下：

$$数据量＝(采样频率×采样精度×声道数×时间)÷8$$
$$＝(44\ 100\ Hz×16\ bit×2×60\ s)÷8$$
$$＝10\ 584\ 000\ B$$
$$≈10\ MB$$

4. 常见的音频文件格式

音频文件通常分为两类：声音文件和 MIDI 文件，其中声音文件是通过声音录入设备录制的原始声音，直接记录了真实声音的二进制采样数据；MIDI 文件是一种音乐演奏指令序列，可利用声音输出设备或与计算机相连的电子乐器进行演奏。

在计算机中，这些音频文件根据获得的途径、声音的编辑处理和存储方式等的不同，可以有多种文件格式。常见的音频文件格式有 WAV、MP3、MID、CD、RM、WMA 等。

（1）WAV 格式

Wave 格式是微软公司开发的一种波形声音文件格式，它符合 PIFF（Resource Interchange File Format，资源交换文件格式）文件规范，用于保存 Windows 平台的音频信息资源，被 Windows 平台及其应用程序所支持。"*.WAV" 格式支持多种音频位数、采样频率和声道。由于其存放的是未经压缩处理的音频数据，所以文件容量比较大，不适合长时间记录，多用于存储简短的声音片段。

（2）MP3 格式

MP3 是到目前最流行的音乐格式。所谓 MP3，指的是 MPEG 标准中的音频部分，MPEG 音频根据压缩质量和编码处理的不同分为三层，分别对应 "*.MP1""*.MP2""*.MP3" 这三种声音文件。MPEG 音频文件的压缩是一种有损压缩，压缩率为 1/10～1/12，简单地说，压缩时就是基本保持低音频部分不失真，过滤掉人耳不敏感的高音频部分。用 MP3 格式来存储，一般只有 WAV 文件的 1/10，其音质次于 CD 格式。

（3）MIDI 格式

MIDI 是音乐与计算机相结合的产物。MIDI（Musical Instrument Digital Interface，乐器数字接口）泛指数字音乐的国际标准。符合该标准的多媒体计算机能够通过内部合成器或连接到计算机 MIDI 端口的外部合成器（如数字乐器）来播放 MIDI 文件。

MIDI 不是声音信号，而是一套指令，在 MIDI 文件中存储的是规范的描述音乐的乐谱。计算机声卡中的合成器，能够根据 MIDI 文件中存放的对 MIDI 设备的指令，即每个音符的频率、音量、通道号等指示信息进行音乐合成，其优点是短小，但缺点是播放效果因软、硬件而异。MIDI 文件的扩展名是*.mid。

（4）RealAudio 格式

RealAudio 文件是 RealNetworks 公司开发的一种新型流式音频（Streaming Audio）文件格式，主要适用于在网络上的在线音乐欣赏，用于在低速率的广域网上实时传输音频信息。网络连接速率不同，客户端所获得的声音质量也不同。

Real 文件的格式主要有 RA（RealAudio）、RM（RealMedia）和 RMX 等，这些格式的特

第 5 章 多媒体技术

点是可以随网络带宽的不同而改变声音的质量，在保证大多数人听到流畅声音的前提下，令带宽较富裕的听众获得较好的音质。

（5）WMA 格式

WMA（Windows Media Audio）是微软力推的一种音频格式，以减少数据流量但保持音质的方法来达到更高的压缩率目的，其压缩率一般可以达到 1:18，生成的文件大小只有相应MP3 文件的一半。另外，WMA 还通过 DRM（Digital Rights Management）方案加入防止复制，或者加入限制播放时间和播放次数，甚至是播放机器的限制，可有力地防止盗版。

WMA 支持音频流技术，适合在网络上在线播放。在 Windows 7 操作系统中，WMA 是默认的音频编码格式。利用 Windows 中的"录音机"工具，可以进行波形音频的录制，如图 5-2-2所示。

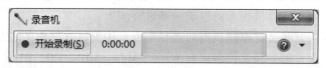

图 5-2-2　"录音机"窗口

（6）CD 格式

标准 CD 格式也就是 44.1 kHz 的采样频率，速率 88 KB/s，16 位量化位数，CD 音轨近似无损的，因此它的声音基本上是忠于原声的。CD 可以在 CD 唱机中播放，也能用计算机中的各种播放软件来播放。

一个 CD 音频文件是一个 *.cda 文件，这只是一个索引信息，并不真正地包含声音信息，所以不论 CD 音乐的长短，在计算机上看到的"*.cda 文件"都是 44 字节长，不能直接复制CD 格式的*.cda 文件到硬盘上播放，需要使用"Windows Media Player"或"格式工厂"等工具把 CD 格式的文件转换成 WAV 格式。

5.2.2　语音合成与识别技术

随着计算机的发展，人们一直希望计算机能像人类一样使用声音交流信息、进行对话，改变目前人们主要通过键盘将信息输入到计算机中，以及通过显示器屏幕来了解计算机的输出这一局面，即人机界面将进一步得到改观，人机交流将更加人性化。这一目标需要随着语音处理技术的发展而实现。

语音处理包括两方面的内容：一是使人们能用语音来代替键盘输入和编辑文字，也就是使计算机具有"听懂"语音的能力，这是语音识别技术；二是要赋予计算机"讲话"的能力，用语音输出结果，这是语音合成技术。

例如，苹果公司 iPhone 搭载的最新操作系统，其支持 iCloud 云服务，最大的特色是基于Siri 语音系统的语音控制技术，使 iPhone 成为更加智能的语音识别设备。可以通过语音控制使 iPhone 实现天气、短信、地图查找等功能的交互。

1. 语音合成技术

对于语音合成来说，首先要知道内容是什么，语音合成所处理最直接就是文字，大量的文字堆积在一起就形成文本，文本分析的主要功能是使计算机从这些文本中能够认识文字，从而知道要发什么音、怎么发音，并将发音的方式告诉计算机。另外，还要让计算机知道文本中，哪些是词，哪些是短语、句子，发音时到哪应该停顿，停顿多长等。其包含两种可能实现的途径：

　　一种是像普通的录音机一样，使计算机再生一个预先存入的语音信号，不过这是通过数字存储技术来实现的。如果简单地将预先存入的单音或词组拼接起来也能做到让"机器开口"，但它是"一字一蹦"，人们很难接受，如果预先存入足够的语音单元，在合成时采用恰当的技术手段挑选出所需的语音单元，将他们拼接起来，也有可能生成高自然度的语句，这就是波形拼接的语音合成方法。为了节省存储容量，在存入机器之前还可以对语音信号先进行数据压缩。

　　另一种是采用数字信号处理的方法，用能表征声道谐振特性的时变数字滤波器，来模拟人类发声的过程。调整滤波器的参数等效于改变口腔及声道形状，达到控制发出不同音的目的，而调整激励源脉冲序列的周期或强度，将改变合成语音的音调、重音等。因此，只要正确控制激励源和滤波器参数（一般每隔 10～30 ms 送一组），这个模型就能灵活地合成出各种语句，因此，又称为参数合成方法。

　　Windows 带有一个称为"讲述人"的基本屏幕读取器，就是一个将文字转换为语音的实用程序，当使用计算机时，计算机会高声阅读屏幕上的文本并描述发生的某些事情。"讲述人"读取显示在屏幕上的内容包括：活动窗口的内容、菜单选项或输入的文本。

　　启动 Windows "讲述人"功能的方法为：选择"开始"→"所有程序"→"附件"→"轻松访问"→"讲述人"命令，打开"Microsoft 讲述人"对话框，如图 5-2-3 所示，进行相应设置后即可体验"讲述人"的功能。

图 5-2-3　"讲述人"对话框

2. 语音识别技术

　　语音识别技术，也被称为自动语音识别（Automatic Speech Recognition，ASR），其目标是将人类语音中的词汇内容转换为计算机可读的输入，如按键、二进制编码或者字符序列。随着计算机技术的发展，人与机器用自然语言进行对话的梦想逐步实现。谷歌推出了 Android 系统移动设备的语音识别技术，该技术可通过语音指令发送电子邮件、短信、拨打电话和获得驾驶导航信息。2011 年 10 月苹果公司推出的 iPhone 4S，便成熟运用了语音识别技术，其拥有悦耳声音的语音识别个人助理 Siri，是让 iPhone 4S 产生轰炸性效应的关键因素，它给曾经经常遭受非议的模糊语音识别技术赋予了生机，Siri 几乎无所不能，不仅能听写文本信息、记录约会时间，还能够回答常规知识问题，这让用户无比着迷。

　　Windows 7 提供了语音识别功能，利用声音命令来指挥计算机，实现人机交互。在使用语音识别前，首先要设置麦克风，了解如何与计算机进行交谈以及训练计算机使其理解语音。

　　启动语音识别的方法为：选择"开始"→"所有程序"→"附件"→"轻松访问"→"Windows 语音识别"命令或者在"控制面板"中单击"语音识别"选项打开语音识别窗口，选择"启动语音识别"，打开"音频混音器"对话框，如图 5-2-4 所示，利用它可以对计算机下达命令或输入文本。

语音识别技术所涉及的领域包括：信号处理、模式识别、概率论和信息论、发声机理和听觉机理、人工智能等。

5.2.3 音频处理技术

Adobe Audition 是一款功能强大的专业数字音频处理软件，前身为 Cool Edit Pro。Adobe Audition 专为在照相室、广播设备和后期制作设备方面工作的音频和视频专业人员设计，可提供先进的音频混合、编辑、控制和效果处理等功能。

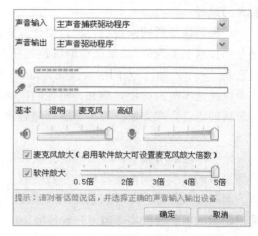

图 5-2-4 "音频混音器"对话框

1. Adobe Audition 的界面

Adobe Audition 启动后的界面如图 5-2-5所示。在工作界面的左上方包含了多轨视图、编辑视图和 CD 视图的切换按钮，在多轨视图中可以同时显示和编辑多个音轨，并且可以将所有的音轨混缩称为一个音频文件；在编辑视图中可以独立编辑一段声音波形，添加各种声音特效；CD 视图主要是用于刻录 CD。

2. 声音的录制

使用 Adobe Audition 可以录制从麦克风输入的声音，也可录制计算机中其他播放器通过声卡播放的音乐。其操作过程步骤如下：

① 首先切换到"编辑"视图，选择"文件"→"新建"命令，在打开的"新建波形"对话框中设置声音文件的采样频率、通道数、分辨率（量化位数），如图 5-2-6 所示，单击"确定"按钮。

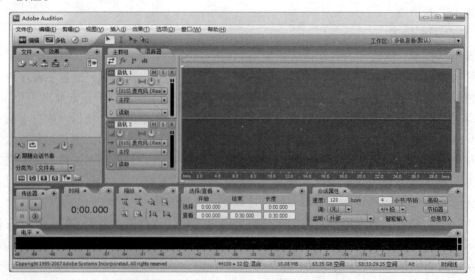

图 5-2-5 Adobe Audition 的界面（多轨）

② 单击"传送器"面板上的"录音"按钮（见图 5-2-7），即可开始录音。录制完毕后，

单击"传送器"面板上的"停止"按钮即可。

图 5-2-6　"新建波形"对话框

图 5-2-7　"传送器"面板

③ 选择"文件"→"另存为"命令，打开"另存为"对话框（见图 5-2-8），选择保存位置、输入文件名，选择保存类型，也可利用"选项"按钮设置该音频文件的参数，最后单击"保存"按钮。

图 5-2-8　"另存为"对话框

3. 声音的处理

Adobe Audition 可以对声音波形直接进行复制、剪切、剪裁、删除等编辑操作。在进行编辑操作之前首先需要选定波形。

① 选择声道：利用"编辑"→"编辑声音"中的命令选择左声道或右声道。

② 选择波形：利用鼠标的拖动可以选中所需要的波形。

③ 复制或剪切波形：选中要剪裁的波形段，然后选择"编辑"菜单中的相关命令即可。

④ 粘贴波形：光标定位，利用"编辑"→"粘贴"命令即可。

⑤ 删除波形：选择相应的波形后，直接按【Delete】键。

⑥ 音量调整：全选或选择部分波形，然后利用"效果"→"振幅和压限"→"标准化（进程）"命令，在"标准化"对话框中设置"标准化到"的值（见图 5-2-9），单击"确定"按钮。

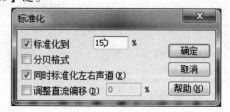

图 5-2-9　"标准化"对话框

4. 声音的降噪

在录制声音时，由于种种原因，总会出现一些噪声，因此，在录制时，往往建议先空录几秒钟，目的是用于采集环境噪声的样本，为降噪做好准备。

降噪处理的过程如下：

① 打开事先录制好的声音文件，利用"缩放"面板中的"水平放大"和"垂直放大"工具来调整波形。选择音频前端的环境噪声部分，准备对其进行采样，如图 5-2-10 所示。

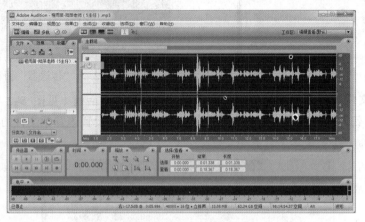

图 5-2-10　选择音频环境噪声部分

② 选择"效果"→"修复"→"降噪器（进程）"命令，打开"降噪器"对话框，单击"获取特性"按钮，对所选的噪音进行采样，如图 5-2-11 所示。

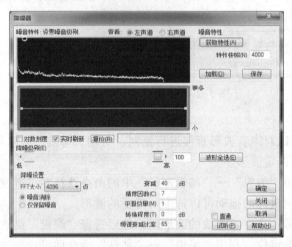

图 5-2-11　"降噪器"对话框

③ 单击"降噪器"对话框中的"波形全选"按钮，将编辑视图中的波形全部选中，最后单击"确定"按钮即可完成降噪。

注意：根据需要可以将噪声的样本利用"保存"按钮加以保存，以便对局部或对其他波形进行降噪处理。

5.　声音的混编

所谓声音混编，就是将两个或多个声音波形段进行混合。如制作配乐诗朗诵，音乐合成、电影配音等，在 Adobe Audition 又称多轨合成。

① 导入音频：在 Adobe Audition 窗口中切换到"多轨"视图，首先光标定位，然后在"音轨 1"空白处利用右键菜单中的"插入"→"音频"命令，导入声音文件。用相同的办法在"音轨 2"上导入背景音乐，如图 5-2-12 所示。

也可事先将音频文件导入到左侧的文件列表，然后根据需要利用鼠标拖动到相应的音轨上。

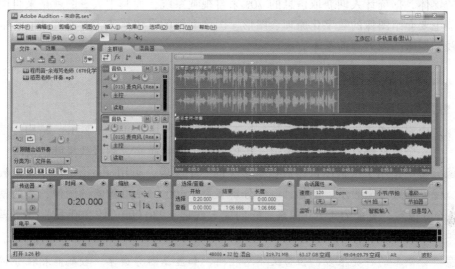

图 5-2-12　导入声音和背景音乐后的多轨视图

② 音频编辑：利用鼠标右键可以将音轨 1 上的波形往右整体移动，使声音左端空一段时间；在音轨 2 上将光标定位在适当位置，利用右键菜单中的"分离"命令，将右侧多余的音频删除，效果如图 5-2-13 所示。

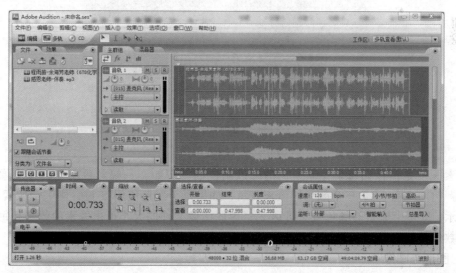

图 5-2-13　移动和分离后的多轨视图

③ 淡入淡出：选择绿色包络线上的适当位置用鼠标来定义"选择点"，通过调节"选择点"的位置来控制音量的高低，从而达到淡入淡出的效果。

④ 保存音频：在"多轨"视图状态下，选择"文件"→"导出"→"混编音频"命令保存相应的音频文件。

5.3 图 像 处 理

在多媒体作品中文本、图形、图像往往是必不可少的组成要素，其中图形图像是多媒体中重要的媒体，据统计人们获取信息的 70%来自视觉系统，而其中大量的就是来自图形、图像。本节主要介绍图像的数字化原理、图形、图像文件的常用格式，并通过 Photoshop 的学习，实践和探索图像处理的基本方法。

5.3.1 图像的基本概念

1. 像素与图像分辨率

图像是由很多像素组成的。像素是一个正方形的颜色块（见图 5-3-1），是构成图像的基本单位。每一个像素都有不同的颜色值，单位面积上像素越多，图像效果就越清晰。

图像分辨率是用于度量图像内数据量多少的一个参数，可用 dpi（每英寸像素数）或图像长和宽像素的数量来表示。例如，一张分辨率为 1 600×1 200 像素的图像，指的就是图像长度为 1 600 像素，宽度为 1 200 像素，它的像素就是 1 920 000（约 200 万）。分辨率越高，图像就越清晰。

注意：分辨率的种类很多，但含义不尽相同，如显示器分辨率、数码照相机分辨率、扫描仪分辨率、打印机分辨率、图像分辨率等。这里所指的是图像分辨率。

图 5-3-1　放大的像素

像素深度是指存储每个像素所用的二进制位数。例如，一幅彩色图像的每个像素用红（R）、绿（G）、蓝（B）三个颜色的值来表示，如果每个颜色值用 8 位，则一个像素共用 24 位来表示，即每个像素的颜色数量可达 2^{24}。因此图像文件的大小可由像素的数量和每个像素的颜色数量计算而得。

2. 图形与图像

计算机中的图与文字，从存储角度来看，通常有两种形式，一种是矢量图形，简称图形；另一种是点阵位图图像，简称图像。

图形是由图元（直线、圆、圆弧、矩形、任意曲线等）组成的矢量图（如 Word 剪贴画中的 WMF 文件）。图形可以用一组指令来描述，是一种不会因放大缩小而失真的矢量图。图形的编辑处理应选用具有矢量图形处理功能的软件，如 AutoCAD、CorelDRAW 等。

图像是由像素组成的位图，是纵横交叉点（像素）构成的数字信息（如照片）。因为图像由像素构成，因此随着图像的方法缩小会出现失真。图像的编辑处理应选用基于图像处理的软件，如 Photoshop、Paint Shop 等。

3. 图像的色彩

图像的色彩是用色相、亮度、饱和度以及对比度和色调来描述的。

① 色相：指色彩的相貌，也就是色彩的基本特征。

② 亮度：指色彩的明暗、浓淡的程度。

③ 饱和度：指色彩的鲜艳程度，又称纯度。

④ 对比度：指不同颜色之间的差异程度，包括图像的明暗、色彩的反差。

⑤ 色调：指一幅图像的总体色彩取向，是上升到一种艺术高度的色彩概括。

4. 图像的色彩模式

色彩模式决定了一幅数字图像用于计算机屏幕上显示或打印输出的颜色模型。

① RGB 模式：由红（R）、绿（G）、蓝（B）三组颜色相互叠加可形成众多的丰富色彩，三组颜色中的任意一组均有 256 个等级的属性定义值，产生 256×256×256 种颜色，可以很好地模拟自然颜色效果。

② HSB 模式：所有颜色用色相（H）、饱和度（S）、亮度（B）三个特性来描述，是模拟人眼感知色彩的一种，最能符合人眼对色彩的观察。

③ CMYK 模式：由青色（C）、洋红（M）、黄（Y）、黑（K）四个色彩信道产生可在印刷机打印的色彩。属于一种减法色彩模型，应用于打印模式。

5. 数字图像的压缩

高分辨率的图像占用的存储空间很大，因此通常需要对其进行压缩来减少图像存储时的数据量。图像压缩方法有很多，但总的来说大致可分为两种：无损压缩和有损压缩。

① 无损压缩：指还原后的图像与压缩前一样的压缩方式。最典型的例子是游程长度编码（RLE），基本原理是相邻像素如果颜色相同，那么只需保存一次颜色信息。压缩图像的软件首先会确定图像中哪些区域的颜色是相同的，哪些是不同的，包括了重复数据的图像就可以被压缩。从本质上看，无损压缩可以删除一些重复数据，可以在一定程度上减少在存储介质上保存的图像尺寸。

② 有损压缩：将图像压缩后无法还原到与压缩前完全一样的状态的压缩方式。常见的 JPEG 格式的图像就是有损压缩，它是利用了人眼不易察觉的高频成分颜色，集中注意低频成分颜色的原理，通过丢弃图像中的高频成分，保留低频成分，使得图像存储的数据量变小。如果只是通过屏幕来查看，由于人眼识别能力有限，所以图像质量并不会有太大的影响。利用有损压缩技术可以大大减少图像文件的大小，当然也会影响图像的质量。

6. 图像的常见格式

根据不同的需要，图形或图像可以多种格式进行存储。不用的图像格式有不同的压缩比，也有不同的存储特性，各种格式可以通过相关的工具软件进行格式的互相转换。

① BMP 格式：又称位图，它是 Windows 操作系统中的标准图像文件格式，它不对图像进行任何压缩，因此 BMP 文件所占用的空间很大。

② GIF 格式：又称图形交换格式，可以将数张图片形成动画效果，也可以是单一的静态

图片。它颜色数量最多只有 256 种，因此体积小，非常适合网络传输。

③ JPEG 格式：又称联合图像专家组，是最常用的一种有损压缩的图像格式，它去除冗余的图像数据，在获得极高的压缩率的同时展现丰富的图像。

④ PNG 格式：是一种新兴的网络图像格式，能保证最不失真的格式。它吸取了 GIF 和 JPG 两者的优点，采用无损压缩且压缩至极限以利于网络传输。

⑤ PSD 格式：是 Photoshop 的专用文件格式，可以支持图层、通道、蒙版和不同色彩模式的各种图像特征，能保留所有原始的图像编辑信息，是一种非压缩的原始文件格式。

⑥ TIFF 格式：是 Mac 中广泛使用的图像格式，特点是图像格式复杂，存储信息多，没有经过任何压缩，因此印刷质量好，多用于广告、杂志等的印刷。

5.3.2 Photoshop 基本使用

生活中人们经常需要对一些图像或数码照片进行剪裁、改变尺寸、改变曝光度或对比度，或是"去除红眼"等操作，通常会使用诸如 Windows 中的"画图"、ACDSee 或是"美图秀秀"之类的软件进行一些基本编辑，但是面对平面设计、广告制作、照片美化等更高级的编辑处理要求，则需要使用 Photoshop 这样的专业工具软件。

Photoshop 是一个专业化的图形图像处理软件，是 Adobe 公司开发的用于印刷和网络出版的设计环境，其功能强大，界面友好且提供了许多实用工具。

1. Photoshop 工作界面

启动 Photoshop，打开某个图像文件后，可以看到图 5-3-2 所示的工作界面。

图 5-3-2　Photoshop 工作界面

① 菜单栏：是 Photoshop 的基本命令的集合区，包括文件、编辑、图像、图层、选择、滤镜、分析、3D、视图、窗口和帮助菜单，每个菜单中都各自包含大量的相关的命令。

② 工具箱：是 Photoshop 不可缺少的部分，它包含了大量的工具组，可以方便使用者对图像进行更多的编辑。有些按钮右下角有一个小三角形，这是表示该工具组下有其他若干工具，用鼠标左键按住该按钮或右击，就会出现其余工具。

③ 各种面板：Photoshop 含有很多浮动面板，这些浮动面板可观看或修改图像，了解图像的各种参数设置以及进行修改。面板可以根据需要在"窗口"菜单中显示或隐藏。

④ 图像编辑窗口：是图像编辑的主要窗口，可以通过缩放工具或"视图"菜单改变它的显示比例。

2. 图像文件的基本操作

（1）新建图像文件

启动 Photoshop 后，选择"文件"→"新建"命令，打开"新建"对话框，如图 5-3-3 所示，可以设置需要的宽度、高度、分辨率、颜色模式和背景内容等，单击"确定"按钮即新建了一个空白的画布。新建的画布默认为"背景"图层，可以通过"图层"面板查看，如图 5-3-4 所示。

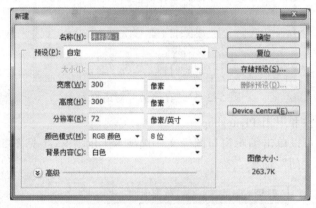

图 5-3-3 "新建"对话框

图 5-3-4 "图层"面板

（2）打开图像文件

打开图像文件的方式有多种，常用的方式是启动 Photoshop 程序后，选择"文件"→"打开"命令，在打开的"打开"对话框中，选择图像所在的位置，再选择一个或多个图像文件，单击"打开"按钮即可。

如果打开了多个图像，可以通过单击编辑窗口左上角的图像文件选项卡来切换不同的图像文件。

（3）保存图像文件

图像文件编辑完成后需要保存或另存为，可以选择"文件"→"存储"或"存储为"命令。选择"存储为"命令，打开"存储为"对话框（见图 5-3-5），确定存储的位置、文件名和需要存储的文件格式。

注意：如果存储为 Photoshop(*.PSD;*.PDD)格式，存储的文件以后还可以通过 Photoshop 编辑，但所占的存储空间会比较大。

图 5-3-5　"存储为"对话框

（4）关闭图像文件和退出 Photoshop

关闭图像文件，可以单击编辑窗口图像文件选项卡上的"×"（见图 5-3-6）来关闭，或者选择"文件"→"关闭"命令。

晨曦.psd @ 33.3% (背景 副本, RGB/8#) * ×

图 5-3-6　图像文件选项卡

退出 Photoshop，可以通过单击 Photoshop 程序窗口中的"关闭"按钮，或者选择"文件"→"退出"命令。

3. 图像的基本编辑

（1）更改图像的色彩

选择"图像"→"调整"子菜单中的相关命令可以更改图像的色彩，如图 5-3-7 所示。首先将一张色彩丰富的照片通过"图像"→"调整"→"去色"命令，变成一张黑白照片，再利用"图像"→"调整"→"色相和饱和度"命令，即变成一张泛黄的照片。

原图

去色后的效果

调整色相/饱和度后的效果

图 5-3-7　图像色彩的调整

（2）更改图像的大小

选择"图像"→"图像大小"命令，打开图 5-3-8 所示的对话框。可以通过输入宽度和高度的像素值或直接更改文档的高宽度来对图像调整大小。如果不选中"约束比例"复选框，可以改变图像原有的比例，重新定义高宽比。

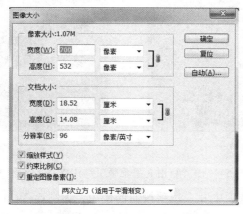

图 5-3-8 "图像大小"对话框

4. 选区的操作

很多时候，不需要对整幅图像进行操作，而是对其中的某个部分进行操作，那么被选中的区域就称选区。选区是一个封闭的区域，可以是任何形状。选区一旦建立，大部分操作只能针对选区有效，如果要针对全图操作，则要先取消选区。

（1）选区工具

在 Photoshop 中，选区工具集中在工具箱的上部，如图 5-3-9 所示。要选择形状规则的对象，可使用矩形或椭圆工具；当选择一些不规则区域时可使用套索或磁性套索工具；当要选择的区域与其他区域的颜色对比比较强烈时，可选择魔棒工具。

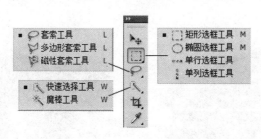

图 5-3-9 选区工具

（2）选区的建立

利用选框工具可以通过鼠标的拖动来建立一个的选区，如果按住【Shift】键进行拖动则可以得到一个正方形、正圆的选区。

利用套索工具通过鼠标的拖动来选择一个封闭的区域；多边形套索是通过鼠标的单击对多边形的对象建立选区；磁性套索工具是基于对色彩信息的算法，对相关对象创建选区。

利用魔棒工具通过鼠标单击相关的图像颜色来创建选区。魔棒通过设置容差值的大小和连续与否来控制选区范围的大小和选区的连贯性。

利用文字蒙版工具创建文字选区。文字蒙版工具并不产生文字，而是创建一个与文字形状相同的选区，如图 5-3-10 所示。

（a）输入直排文字蒙版

（b）退出输入状态后的效果

图 5-3-10　利用文字蒙版工具建立文字选区

另外要注意工具属性选项中几个选项按钮的使用，如图 5-3-11 所示。

新选区　添加到选区　从选区减去　与选区交叉　羽化像素

图 5-3-11　选区选项按钮

（3）选区的羽化

羽化的作用可以虚化选区的边缘，产生较柔和的过渡，如图 5-3-12 所示。

（a）羽化 0 像素

（b）羽化 20 像素

图 5-3-12　选区的羽化

（4）选区的反选和取消

反选：如果要选择选区之外的部分则可以通过"选择"→"反向"命令来实现。

取消：通过选择"选择"→"取消选择"命令即可取消选区。

5．图层的基本操作

图层就像是一张透明纸，可以在这张透明纸上画画，多个图层叠放在一起就是一个完整的图像，效果如图 5-3-13 所示。在"图层"面板上选中某个图层，对该图层上的对象进行修改时，不会对其他图层造成任何影响。

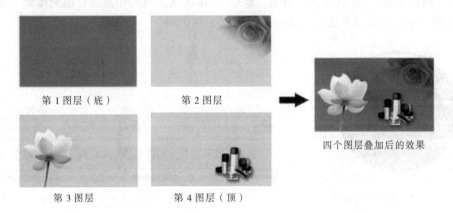

图 5-3-13　图层叠加的效果

对图层的操作主要包括新建图层、复制图层、删除图层、合并图层、移动图层，另外还有图层混合模式、图层样式、图层蒙版等操作，一般可以利用"图层"面板（见图 5-3-14）或"图层"菜单来完成。

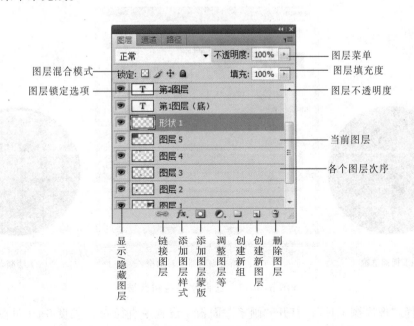

图 5-3-14　"图层"面板

5.3.3 Photoshop 图像处理

1. 绘制图形

Photoshop 中往往需要自己绘制一些图形来制作自己想要的特定图像，如水晶按钮、方框、画板等。

例如，利用相关的工具制作一个圆形的水晶按钮，效果如图 5-3-15 所示。

① 启动 Photoshop，新建一个 250×250 像素大小的画布，利用"图层"面板新建一个图层，选择"椭圆工具"，将前景色设置为"蓝色"，在选项工具栏中单击"填充像素"按钮（见图 5-3-16），然后在画布上按住【Shift】键绘制一个正圆。

图 5-3-15　圆形水晶按钮　　　　　　　图 5-3-16　单击"填充像素"按钮

② 再新建一个图层，选择"椭圆选框工具"，用鼠标拖动出一个椭圆选区，如图 5-3-17（a）所示，然后选择"渐变工具"，单击工具栏中的"渐变编辑器"按钮，在打开的对话框中设置渐变色，如图 5-3-17（b）所示，设置完成后单击"确定"按钮；最后利用鼠标在选区内自上而下绘制渐变，效果如图 5-3-17（c）所示。

（a）椭圆选取　　　　　　　（b）"渐变编辑器"对话框　　　　　　　（c）绘制渐变

图 5-3-17　绘制水晶按钮区域

③ 选择"橡皮擦工具"，打开"画笔"面板，设置主直径 65，硬度 0%（见图 5-3-18），然后利用鼠标在相应的位置进行擦除，最终效果如图 5-3-15 所示。

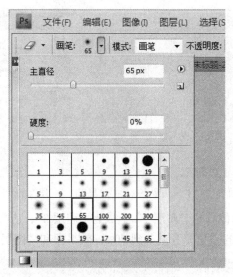

图 5-3-18　橡皮擦的设置

④ 选择"文件"→"存储为"命令将该水晶按钮加以保存。

2. **图像合成**

要实现将两张或两张以上的图像合成为一个图像文件，可以通过抠图、调整图层透明度、添加图层蒙版、调整图层混合模式等方式实现。

例如，利用四张图像制作一张"仙履奇缘"的宣传海报，效果如图 5-3-19 所示。

① 启动 Photoshop，分别打开四个图像文件："背景.jpg""光斑.jpg""灰姑娘.jpg"和"丘比特.png"。将"光斑.jpg"图像移到"背景.jpg"图像上成为"图层 1"，在"图层"面板上将该图层的"不透明度"调节到 50%，如图 5-3-20 所示。

图 5-3-19　"仙履奇缘"宣传海报

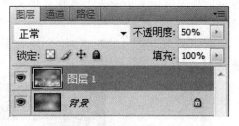

图 5-3-20　设置图层的不透明度

② 将"灰姑娘.jpg"图像移到"图层 1"上成为"图层 2"，靠右放置，单击"图层"面板底部的"添加图层蒙版"按钮，给"图层 2"添加一个图层蒙版，利用黑到白的"线性渐变工具"从左向右拖动鼠标做渐变效果，使"图层 2"的图像与"图层 1"图像之间产生自然过渡的效果，然后在图层面板上将图层的混合模式更改为"滤色"。效果图和"图层"面板如图 5-3-21 所示。

图 5-3-21　灰姑娘合成效果和"图层"面板

③ 将"丘比特.png"图像移到"图层 2"上成为"图层 3"，适当调整大小，放置在左上方，在"图层"面板上将该图层的"填充"调节到 70%，效果图和"图层"面板如图 5-3-22 所示。

图 5-3-22　丘比特合成效果和"图层"面板

④ 选择"文件"→"存储为"命令将该宣传海报保存为"仙履奇缘–合成效果.jpg"文件。

3．文字应用

文字工具包括横排文字工具和直排文字工具，利用文字工具可以在图像上面添加文本，也可以利用横排文字蒙版工具和直排文字蒙版工具在图像上建立以文字的形状建立选区等特殊的应用。

例如，为上述"仙履奇缘–合成效果.jpg"图像文件添加文字说明，效果如图 5-3-23 所示。

图 5-3-23　添加文字后的效果

① 打开上述"仙履奇缘-合成效果.jpg"图像文件，选择"直排文字工具"，在工具栏中选择"华文中宋"、大小 30、浑厚、颜色为#9ef9fa（见图 5-3-24），然后在图像中间位置输入四个字"仙履奇缘"。

图 5-3-24　文字工具栏

② 选择"横排文字工具"，在工具栏中选择"微软雅黑"、大小 18、颜色为#565656，然后在图像右下方位置输入"一段经典浪漫的爱情故事"，输入完成后单击"创建文字变形"按钮，在"变形文字"对话框中进行设置（见图 5-3-25），单击"确定"按钮，效果如图 5-3-23 所示。

③ 选择"文件"→"存储为"命令将该宣传海报保存为"仙履奇缘-文字.jpg"文件。

4. 图层样式的应用

通过运用图层样式可以改变图层中对象的一些效果，如投影、斜面浮雕效果、发光、渐变叠加等，是 Photoshop 中经常用到的一种方法。

例如，为上述"仙履奇缘-文字.jpg"图像文件中的而文字添加图层样式，效果如图 5-3-26 所示。

图 5-3-25　"变形文字"对话框

图 5-3-26　添加图层样式的效果

① 打开上述"仙履奇缘-文字.jpg"图像文件，双击"仙履奇缘"图层或利用"图层"→"图层样式"命令打开"图层样式"对话框，在样式列表中分别选择"投影"和"外发光"选项，分别按照图 5-3-27 和图 5-3-28 所示进行设置。

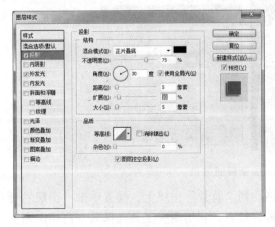

图 5-3-27　"投影"对话框

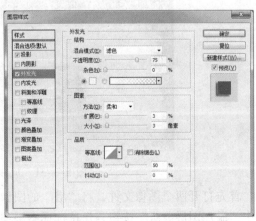

图 5-3-28　"外发光"对话框

② 双击"一段经典浪漫的爱情故事"图层或利用"图层"→"图层样式"命令打开"图层样式"对话框，在样式列表中分别选择"渐变叠加"和"描边"选项，分别按照图 5-3-29 和图 5-3-30 所示进行设置。

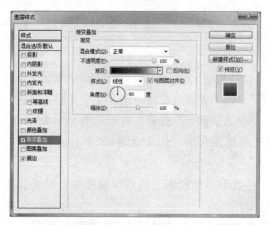
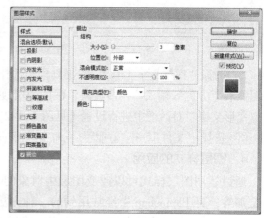

图 5-3-29 "渐变叠加"对话框　　　　　　　图 5-3-30 "描边"对话框

③ 选择"文件"→"存储为"命令将该宣传海报保存为"仙履奇缘–图层样式.jpg"文件。

5. 图层蒙版的应用

图层蒙版是与文档具有相同分辨率的 256 级色阶灰度图像，主要用于合成图像（上述图像合成中已用到），或一些艺术效果的设置。

蒙版中的纯黑色区域可以遮盖当前图层中的图像，显示出下面图层中的内容；纯白色区域可以遮盖下面图层中的内容，只显示当前图层中的图像；而灰色区域则会根据其灰度值使当前图层中的图像呈现出不同层次的透明效果。

此外，创建调整图层、填充图层或者应用智能滤镜时，Photoshop 也会自动为其添加图层蒙版，因此，图层蒙版可以控制颜色调整和滤镜范围。

在使用图层蒙版时，经常需要渐变工具的配合。渐变工具用来在整个图像或选区内填充渐变颜色。

例如，应用图层蒙版和渐变工具制作艺术照片，效果如图 5-3-31 所示。

图 5-3-31 应用图层蒙版的效果

首先打开两个图像文件，将"塔"的图像移动到"背景"图层上，接着单击"图层"面板中"添加图层蒙版"按钮，保持选择图层蒙版的状态，利用渐变工具选择黑、白径向渐变

（见图 5-3-32），在画布上用鼠标拖动即完成两个图层的合成和过渡。

图 5-3-32　渐变属性工具栏设置

此外，在建立了选区的情况下添加蒙版还能使选区外的图像不可见，实现另一种艺术效果，如图 5-3-33 所示。

图 5-3-33　建立选区后添加图层蒙版实现的渐变效果

6. 滤镜的应用

在编辑图像时，往往为了达到一些特殊的效果，如适当的模糊，适当的扭曲，合适的艺术效果，需要用到 Photoshop 中的滤镜功能，如图 5-3-34 和图 5-3-35 所示。

图 5-3-34　利用模糊类滤镜、扭曲类滤镜和风格化滤镜制作的爆炸效果文字

图 5-3-35　利用渲染类滤镜中的镜头光晕制作的"人造太阳"

第 5 章　多媒体技术

149

Photoshop 内置了几十种滤镜，每一种都有自己的功能特点，在平面设计或广告制作中经常需要用到滤镜以达到吸引眼球，突出主题的作用。如果觉得内置的滤镜不适合，也可以通过网络上下载的方式获得新的滤镜，添加到 Photoshop 的安装目录下的 plug-ins 目录中，然后启动 Photoshop，即可在"滤镜"菜单中找到新添加的滤镜。RGB 模式下的滤镜基本都可以使用，在 CMYK 等其他模式下有的滤镜为灰色，不可使用。

5.4 动 画 处 理

动画是多媒体作品中最具吸引力的一种表现形式，具有表现力丰富、直观、易于理解、吸引注意力、风趣幽默等特点。

5.4.1 动画概述

动画是将静止的画面变为动态的艺术。它通过连续播放一系列画面，给视觉造成连续变化的图画，其基本原理与电影、电视一样，都是视觉原理。

1. 动画的概念

英国动画大师约翰·海勒斯（John Halas）对动画有一个精辟的描述："动作的变化是动画的本质"。动画由很多内容连续但各不相同的画面组成，由于每幅画面中的物体位置和形态不同，在连续观看时，给人以活动的感觉。

动画利用了人类眼睛的视觉滞留效应。人在看物体时，物体在大脑视觉神经中的停留时间约为 1/24 s。如果每秒更替 24 个画面，那么，前一个画面在人脑中消失之前，下一个画面就进入大脑，从而形成连续流畅的视觉变化效果。

随着动画的发展，除了动作的变化，还发展出颜色的变化、材料质地的变化、光线强弱的变化等，这些因素都赋予了动画新的本质。

2. 传统动画和计算机动画

传统动画是制作在胶片上的，先将具有差异变化的图绘制在胶片上，然后通过摄像机连续拍摄一系列的画面，播放时便实现了动画。绘制动画是一项艰巨的工作，如果每秒需要 15 幅画面，那么 10 分钟的动画片就要绘制 9 000 张画，而且画与画之间还必须保持一定的连贯性，其工作量是可想而知的。

而计算机动画，可以先将动画中比较关键的画面（也称关键帧）输入计算机，然后由计算机通过计算自动产生动画的中间画面（也称过渡帧），如此一来，动画的制作就方便了许多。目前计算机动画已广泛应用于网站制作、商业广告、计算机辅助教育、电影或电视和系统模拟等领域。

3. 计算机动画的类型

计算机动画的分类方法很多，人们一般从两个方面进行分类，一是按动画的性质分为帧动画和矢量动画，二是按动画的表现形式分为二维动画、三维动画和虚拟现实等。

① 帧动画：构成动画的基本单位是帧，很多帧组成一部动画片。帧动画借鉴传统动画的概念，每帧的内容不同，当连续播放时，形成动画视觉效果。

② 矢量动画：即是在计算机中使用数学方程来描述屏幕上复杂的曲线，利用图形的抽象运动特征来记录变化的画面信息的动画。矢量动画是经过计算机计算而生成的动画，主要表现变换的图形、线条、文字和图案。

③ 二维动画：又称平面动画，是帧动画的一种，它沿用传统动画的概念，具有灵活的表现手段、强烈的表现力和良好的视觉效果。

④ 三维动画：又称 3D 动画，利用三维动画软件首先在计算机中建立一个虚拟的世界，然后按照表现对象的形状尺寸建立模型、场景，再设定模型的运动轨迹、虚拟摄影机的运动和其他动画参数，最后为模型赋上特定的材质，并打上灯光。当这一切完成后即可让计算机自动运算，生成最后的画面。

⑤ 虚拟现实：意味着用计算机合成人工世界。因此，虚拟现实可看作是利用计算机及有关外围设备使人在与计算机进行交互时，产生如同在真实环境中一样的感觉的软硬件系统的综合。

4. 动画制作软件

不同的动画制作工具可以产生不同格式的动画文件，GIF 和 SWF 是两个比较常见的动画格式。

GIF 格式动画的产生原理完全基于传统的动画设计，即动画效果是由一系列具有差异的画面连续播放产生的，但 GIF 动画的实现工作则由计算机完成。

目前专门用于 GIF 动作制作的软件有许多，如 GIF Animation，而许多其他的动画制作软件，如 Cool 3D、Flash 等可以把制作好的动画导出为 GIF 动画，甚至利用 Photoshop 也可以导出 GIF 动画。

SWF 是 Flash 动画格式，这种动画格式的特点是能用比较小的存储空间来表现丰富多彩的多媒体形式，而且可以具有交互性。SWF 格式的动画在画面缩放时不会失真，非常适合描述由几何图形组成的二维动画。由于这种格式的动画可以与网页格式的 HTML 文件充分结合，并能添加 MP3 音乐，因此广泛应用于互联网。

三维动画技术包括物体造型、运动控制、画面着色等。目前主流的三维软件主要有 3ds Max、Cool 3D、Maya、Softimage 等。其中 3ds Max 在建模方面应用比较多，特别是在建筑效果图方面；而 Maya、Softimage，则比较多的应用于电影特效方面。

5.4.2 Flash 的基本使用

Flash 是 Adobe 公司推出的具有强大功能的动画制作软件之一，它可以在使用很小容量的情况下，完成高质量的矢量图形和交互式动画的制作，目前已成为大多数专业设计人员在进行动画、广告、游戏或网站设计时首选的创作工具。

1. Flash 工作界面

启动 Flash，首先进入的是初始界面，在初始界面中单击"新建"下的"Flash 文件（ActionScript 3.0）"按钮，新建一个 Flash 文档，进入工作界面，如图 5-4-1 所示，该界面包括菜单栏、工具箱、舞台、图层面板、时间轴、各种面板等。

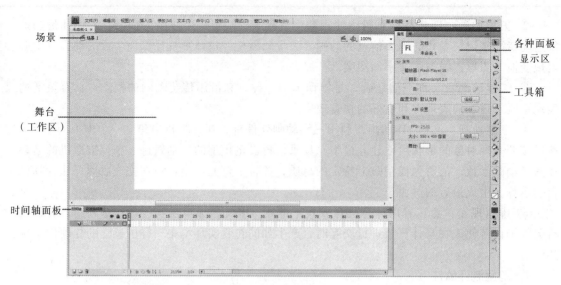

图 5-4-1　Flash 工作界面

2. Flash 动画的常用术语

（1）影片、场景、舞台

① 影片：构思 Flash 动画的思路与构思一部电影有些相似，如需要进行剧本构思、镜头分配、角色分配等。因此，人们常常将 Flash 动画称为 Flash 影片。

② 场景：制作一个比较复杂的动画时，可采用多个场景，从而将动画内容拆分开来，在各个场景中分别制作。Flash 通过设置各个场景的播放顺序来把整个动画连接起来。对于"场景"的管理，可通过"场景"面板。

③ 舞台：绘制和编辑动画内容的区域。在动画播放时只显示舞台上出现的内容，舞台之外的内容是不显示的。

（2）图层

图层就像是堆叠在一起的多张透明的薄膜。每个图层都分别包含了要显示在舞台上的内容，没有内容的区域就显示下层的内容。图层之间是相互独立的，所以可以利用不同的图层来组织和安排不同的动画对象。对图层的操作可以通过时间轴面板左侧的图层控制区来进行，如图 5-4-2 所示。

（3）时间轴

时间轴面板由左侧图层控制区和右侧帧控制区两部分组成，其中右边的帧控制区是实现 Flash 动画的关键部分，主要用于组织和控制在一定时间内帧的数量和帧中的内容，如图 5-4-2 所示。

（4）帧

帧是构成 Flash 动画的基本单位，相当于传统动画中的一幅画面，电影胶片中的一格。每一个 Flash 影片往往由很多个帧构成。在时间轴上用一个小格来表示。动画中的帧一般分为三类（见图 5-4-2）：

① 关键帧：定义动画发生变化的关键画面。关键帧中有内容的用实心圆表示，没有内容的用空心圆表示。

② 静止帧：实际上是前一个关键帧的副本，使关键帧的画面在时间上产生延续。

③ 过渡帧：由 Flash 根据前后两个关键帧的内容自动生成的中间帧，起到过渡作用。

对于帧的插入、转换、删除等各类操作都可以通过帧的右键快捷菜单来实现，如图 5-4-3 所示。

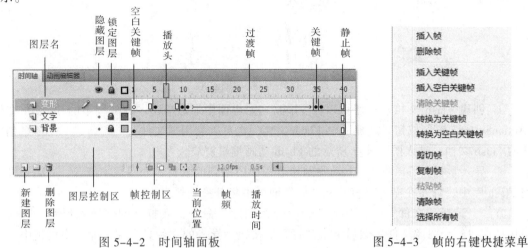

图 5-4-2　时间轴面板　　　　　　图 5-4-3　帧的右键快捷菜单

（5）元件

Flash 中很多时候需要重复使用某些素材，人们可以事先将素材转换成元件，或者新建元件，存放在库中，以方便重复使用或者再次编辑修改。元件有三种形式，即影片剪辑、图形、按钮，如图 5-4-4 所示。影片剪辑元件可以理解为动画中的动画。图形元件是可以重复使用的静态图像。按钮元件实际上是一个只有 4 帧的影片剪辑，根据鼠标指针的动作做出简单的响应，并转到相应的帧，从而实现 Flash 的交互性。

图 5-4-4　元件的三种类型

5.4.3　Flash 动画制作

根据动画角色的变化规律不同，动画的制作可分为每幅画面的变化没有规律可循的逐帧动画制作；变化有规律，可让计算机通过计算补全中间画面的渐变补间动画制作。而补间动画又分为首尾关键画面的形状发生变化的形状补间动画和首尾关键画面的位置发生变化的动作补间动画。

1. 逐帧动画的制作

例如，利用提供的素材 01.png～18.png，采用逐帧动画来制作一朵花的生长过程。舞台大小 200×400 像素，总的播放时间为 2 秒钟，其中生长过程 1.5 秒，最后静止显示 0.5 秒，效果如图 5-4-5 所示。

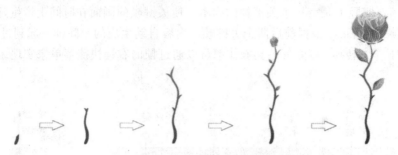

图 5-4-5　逐帧动画效果

① 创建 Flash 文档。一般可以在 Flash 初始界面中通过单击"新建"下的"Flash 文件（ActionScript 3.0）"按钮，新建一个 Flash 文档。也可以利用"文件"→"新建"命令来创建新的 Flash 文档，进入图 5-4-1 所示的 Flash 动画编辑窗口。

② 导入素材。可以将 Flash 动画制作过程中要用到的素材，如图像、声音、视频等导入到 Flash 库中，以便在需要时直接从"库"面板中将其拖到舞台中。

方法：选择"文件"→"导入"→"导入到库"命令，在打开的"导入到库"对话框中选择这 18 个图像文件，然后单击"打开"按钮，导入的文件显示在"库"中面板中，如图 5-4-6 所示。

③ 修改文档属性。选择"修改"→"文档"命令，在打开的"文档属性"对话框中，根据实例的要求将舞台的尺寸改为宽 200 像素，高 400 像素，帧频为 12（由于花的生长过程有 18 幅图像，播放时间 1.5 秒，说明每秒要求播放 12 帧），如图 5-4-7 所示。

④ 制作第一个关键帧。将"01.png"文件从"库"面板中拖动到舞台上，并调整位置。位置的调整既可以手工大致调整，也可以通过"对齐"面板或"属性"面板进行精确调整，如图 5-4-8 所示。

图 5-4-6　"库"面板

图 5-4-7　"文档属性"对话框

图 5-4-8 "对齐"面板和"属性"面板

⑤ 制作其余关键帧。在时间轴第 2 帧的位置上右击，在快捷菜单中选择"插入空白关键帧"命令（或按【F7】键），将"02.png"文件从"库"面板中拖动到舞台上，并调整位置。用类似的方法分别建立其余 16 个关键帧，最后时间轴上就会出如图 5-4-9 所示的连续 18 个关键帧。

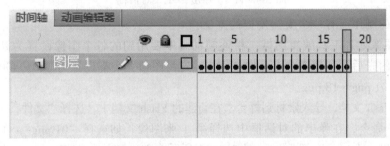

图 5-4-9 插入关键帧后的时间轴

⑥ 制作静止帧。根据计算，在第 24 帧的位置上右击，在快捷菜单中选择"插入帧"命令（或按【F5】键），如图 5-4-10 所示。

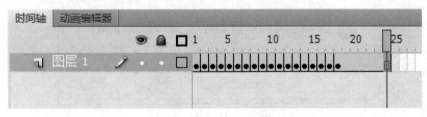

图 5-4-10 插入静止帧后的时间轴

⑦ 测试动画。动画的制作需要反复的调试，查看动画效果是否与预期效果相同。测试的方法一般有以下几种：一种方法是可以用鼠标从左到右拖动播放头来查看动画效果；另一种方法是选择"控制"→"播放"命令进行测试（或按【Enter】键）；还有一种方法就是选择"控制"→"测试影片"命令在播放环境中进行测试（或按【Ctrl+Enter】组合键）。

⑧ 保存 Flash 文档。利用"文件"→"另存为"命令，将文档保存为"Flash CS4 文档（*.fla）"文件。本例中将 Flash 文档保存为"花朵生长.fla"。

⑨ 导出影片。选择"文件"→"导出"→"导出影片"命令，可以将设计的 Flash 动画导出为 GIF 动画或 swf 影片，如图 5-4-11 所示。本例中将影片导出为"花朵生长.swf"。

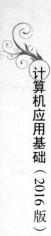

图 5-4-11 "导出影片"对话框

逐帧动画的制作还有一个更为便捷的方法：

① 利用图像处理工具编辑图像。将逐帧动画中要用到的各个图像设置为高宽相同，文件名按照动画的先后顺利依次命名。如本例中，先将图像大小都设置为 200×400 像素，文件的命名依次为 01.png～18.png。

② 新建 Flash 文档，导入素材到舞台。在新建的 Flash 文档中，选择"文件"→"导入"→"导入到舞台"命令，在弹出的对话框中选择第 1 张图像，如选择"01.png"，单击"打开"按钮，此时弹出一个提示对话框，如图 5-4-12 所示，单击"是"按钮，Flash 将自动建立若干个关键帧，且将图像按照序列顺利被分排在各个关键帧中。"时间轴"面板同图 5-4-9。

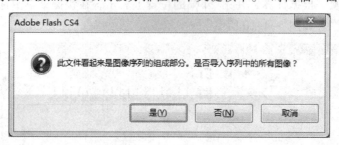

图 5-4-12 提示框

③ 更改文档属性。选择"修改"→"文档"命令，在弹出对话框的"匹配"项中选中"内容"（可以根据导入图像的尺寸来自动设置舞台大小）和帧频。

④ 在第 24 帧插入静止帧（普通帧），经测试无误后即可保存文档并导出影片。

2. 形状补间动画的制作

在 Flash 中，形状补间动画只能针对矢量图进行，也就是说，形状补间动画中首、尾关键帧上的图形应该是矢量图形。矢量图形的特征是：在矢量图形被选定时，对象上面会出现白色均匀的小点。如将要绘制的"心形"图形就是矢量图形。而文字对象在输入时是以整体出现的，属于非矢量对象，需要把文字打散后变成矢量图形；对于一些位图对象，需要通过执行"修改"→"位图"→"转换位图为矢量图"命令来转换。

例如，利用提供的素材 love.jpg 作为整个动画的背景，采用形状补间动画来由"红心"逐渐变形为"love"，静止显示 10 帧，再逐渐变回"红心"的过程。舞台大小根据背景图像自动匹配，帧频为默认，动画总长为 60 帧，前 10 帧为静止帧，效果如图 5-4-13 所示。

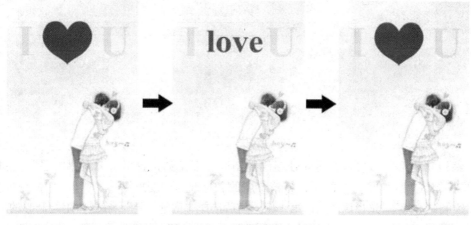

图 5-4-13　变形动画实例

① 新建一个 Flash 文件，将素材 love.jpg 直接导入到舞台，然后选择"修改"→"文档"命令，在弹出对话框的"匹配"项中选中"内容"，单击"确定"按钮。

② 编辑"背景"图层。在时间轴的图层控制区中，双击"图层 1"后，将图层名称改为"背景"，然后在该图层第 60 帧的位置右击，选择快捷菜单中的"插入帧"命令，最后锁定该图层，如图 5-4-14 所示。

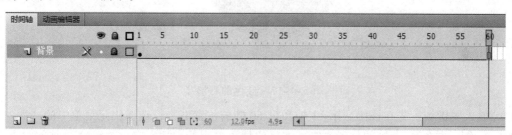

图 5-4-14　"背景"图层的时间轴

③ 编辑"文字"图层。在时间轴图层控制区左下角的位置单击"新建图层"按钮，此时在图层控制区中新增了一个图层，将该图层的名称改为"文字"。

选择该图层的第 1 帧，然后选择"文本工具"，在舞台的上方输入"I　U"，再利用"属性"面板设置其字体（Times New Roman）、样式（Bold）、大小（80）和颜色（黄色），效果如图 5-4-15 所示。

图 5-4-15　输入的文字效果

在时间轴上该图层已经根据背景层的总帧数自动设置了静止帧，最后锁定该图层，如图 5-4-16 所示。

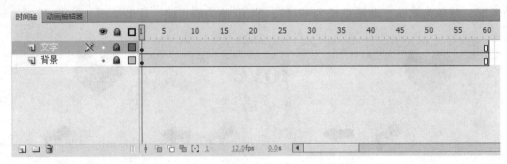

图 5-4-16 "文字"图层的时间轴

④ 编辑"变形"图层。在时间轴图层控制区左下角的位置单击"新建图层"按钮，此时在图层控制区中新增了一个图层，将该图层的名称改为"变形"。

a. 绘制"心形"。选择该图层的第 1 帧，然后选择"钢笔工具"，在舞台上绘制心的形状。再选择"颜料桶工具"，为心形填充红色，并用"选择工具"将心形的外框删除，效果如图 5-4-17 所示。

图 5-4-17 红色的心形

b. 插入关键帧。先在该图层第 11 帧和第 60 帧的位置右击，选择快捷菜单中的"插入关键帧"命令，再在第 30 帧的位置右击，选择快捷菜单中的"插入空白关键帧"命令。

c. 输入文字并分离。选择该图层的第 30 帧，然后选择"文本工具"，在舞台上方输入"love"；再利用"属性"面板设置其字体（Times New Roman）、样式（Bold）、大小（60）和颜色（红色）；最后先执行一次"修改"→"分离"命令将 love 的各个字母分离，再执行一次"修改"→"分离"命令，将每个字母打散，如图 5-4-18 所示。在第 41 帧位置插入关键帧。

图 5-4-18 文字打散

d. 设置形状补间。在该图层的第 11 帧到第 30 帧之间任意一帧上右击，在快捷菜单中选择"创建补间形状"命令。用同样的办法，在第 41 帧到第 60 帧之间创建形状补间。时间轴面板如图 5-4-19 所示。

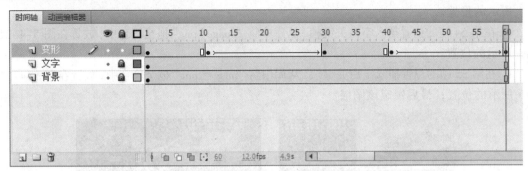

图 5-4-19 "变形"图层的时间轴

⑤ 保存文档并导出影片。利用"文件"→"另存为"命令将文档保存为"I love U.fla"，利用"文件"→"导出"→"导出影片"命令，将该文档导出为"I love U.swf"。

3. 传统补间动画的制作

如果要表现对象位置的直线移动、旋转变化等，可以在 Flash 中制作传统补间动画，这种传统补间动画只针对非矢量图形对象，如文字对象、外部导入的图像、组合对象，或元件实例等。

例如，打开"撞车试验.fla"文件，相关的素材已导入到库中，采用传统补间动画来实现一辆飞逝的小车撞上一辆停靠着的车辆，效果如图 5-4-20 所示。舞台大小为 800×100 像素，帧频为默认，动画总长为 60 帧，最后 5 帧为静止帧。

图 5-4-20 传统补间动画实例

① 打开"撞车试验.fla"文件，选择"修改"→"文档"命令，在弹出的"文档属性"对话框中更改文档尺寸为 800×100，单击"确定"返回，调整显示比例。

② 编辑"背景"图层。先将"图层 1"改名为"背景"，然后将"库"中的"image1.jpg"拖至舞台中，利用"对齐"面板使背景图片水平左对齐、垂直居中；在该图层第 55 帧的位置插入关键帧，再利用"对齐"面板使背景图片水平右对齐、垂直居中；在 1～55 帧之间选择右键快捷菜单中的"创建传统补间"命令；在第 60 帧的位置插入普通帧，最后锁定该图层。

③ 编辑"小车"图层。新增一个图层，将其改名为"小车"。

a. 在该图层的第 1 帧，从库中将"image2.png"拖至舞台中，将其放置在左侧舞台外，如图 5-4-21（a）所示。

b．在第 52 帧的位置插入关键帧，将"小车"水平移到舞台右侧停放着的一辆小车旁，如图 5-4-21（b）所示，然后在 1～52 帧之间"创建传统补间"；

c．在第 53 帧的位置插入空白关键帧，从库中将"image3.png"拖至舞台中，放置在图 5-4-21（c）所示的位置。

d．在第 54 帧的位置插入空白关键帧，从库中将"image4.png"拖至舞台中，放置在图 5-4-21（d）所示的位置。

e．在第 55 帧的位置插入空白关键帧，从库中将"image5.png"拖至舞台中，放置在图 5-4-21（e）所示的位置；最后锁定该图层。

（a）第 1 帧的位置　　　　　　　　（b）第 52 帧的位置

（c）第 53 帧的位置　　　　　　　　（d）第 54 帧的位置

（e）第 55 帧的位置

图 5-4-21　小车的位置

④ 编辑"前车轮"图层。新增一个图层，将其改名为"前车轮"。选择该图层的第 1 帧，从库中将"image6.png"拖至舞台中，位置调整到小车的前车轮位置上；在第 52 帧的位置插入关键帧，将其移到第 52 帧小车的前车轮位置上，在 1～52 帧之间"创建传统补间"命令，再通过"属性"面板调整其旋转为"顺时针"，圈数为 10，如图 5-4-22 所示。利用右键快捷菜单删除第 53～60 帧，最后锁定该图层。

图 5-4-22　补间的属性

⑤ 编辑"后车轮"图层。新增一个图层，将其改名为"后车轮"。用上述同样的方法制作后车轮的传统补间动画。最终时间轴效果如图 5-4-23 所示。

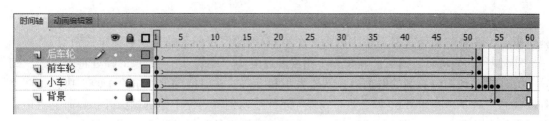

图 5-4-23　所有图层时间轴效果

⑥ 保存文档并导出影片。利用"文件"→"保存"命令将文档以原文件名保存，利用"文件"→"导出"→"导出影片"命令，将该文档导出为"撞击试验.swf"。

4. 引导层动画的制作

传统补间动画只能产生对象沿直线运动的动画。如果需要创建对象的自由运动路径，则可以使用补间动画或传统运动引导层来实现。

例如，打开"花园.fla"文件，相关的素材已导入库中，采用补间动画制作一个花园的景色，有蝴蝶飞舞、有蜜蜂采蜜。舞台大小和帧频均默认，整个动画共 60 帧，效果如图 5-4-24所示。

图 5-4-24　效果图

① 打开"花园.fla"文件，首先制作"蝴蝶"的影片剪辑。选择"插入"→"新建元件"命令，在图 5-4-25 所示的对话框中，在名称框中输入"蝴蝶"，类型选择"影片剪辑"，单击"确定"按钮。插入 6 个空白关键帧（共 7 个），分别放置 hd1、hd2、hd3、hd4、hd3、hd2、hd1 七个图片，利用"对齐"面板使每个关键帧中的元件水平、垂直居中，如图 5-4-26 所示的时间轴，制作一个逐帧动画的影片剪辑，最后返回场景。

图 5-4-25　"创建新元件"对话框

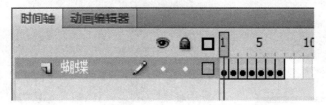

图 5-4-26　"蝴蝶"影片剪辑的时间轴效果图

② 制作"背景"图层。在场景中将"图层 1"名称改为"背景"，然后从库中将"背景"拖至舞台，调整位置使其覆盖整个舞台，在第 60 帧的位置插入帧，最后锁定该图层。

③ 制作"蝴蝶 1"图层。新建一个图层并改名为"蝴蝶 1"。在第 1 帧处将库中的"蝴蝶"元件拖动到舞台右侧的画面外，调整大小和方向。在时间轴上右击第 1 帧，执行"创建补间动画"命令，选择第 60 帧，将"蝴蝶"元件拖动到舞台左上角的画面外，画面上出现一条带控制点的路径，如图 5-4-27 所示。使用"选择工具"拖动路径上的控制点，调整蝴蝶的飞翔路径，效果如图 5-4-28 所示。

图 5-4-27　创建补间动画　　　　　　　图 5-4-28　调整路径的控制点

④ 制作"蝴蝶 2"图层。新建一个图层并改名为"蝴蝶 2"。在第 15 帧处插入一个空白关键帧，从库中的将"蝴蝶"元件拖至舞台左侧的画面外，调整大小和方向。在第 60 帧处插入一个关键帧，将"蝴蝶"元件拖至舞台右侧的画面外，在 20～60 帧之间创建传统补间动画。

右击"蝴蝶 2"图层，在弹出的快捷菜单中选择"添加传统运动引导层"命令（见图 5-4-29），此时添加一个"引导层"，然后用"铅笔工具"在该图层上绘制一个自由路径（见图 5-4-30）。选择"蝴蝶 2"图层的第 15 帧，将"蝴蝶"元件的中心点移至路径的起始位置，在选择第 60 帧，将"蝴蝶"元件的中心点移至路径的结束位置，即可形成一个蝴蝶自由飞行的路径。

图 5-4-29　"图层"右键菜单　　　　　　图 5-4-30　绘制一个自由路径

⑤ 制作"蜜蜂"图层。新建一个图层并改名为"蜜蜂",在第1帧处从库中将"蜜蜂"元件拖动到舞台右侧的画面外,调整大小和方向。在时间轴上右击第1帧,执行"创建补间动画"命令,选择第25帧,将"蜜蜂"元件拖动到舞台下方的花丛中,画面上出现一条带控制点的路径,然后选择第35帧右键菜单中的"插入关键帧"命令,选择第60帧,将"蜜蜂"元件拖动到舞台左侧的画面外。最后使用"选择工具"拖动路径上的控制点,调整蜜蜂的飞行路径,效果如图5-4-31所示。

图 5-4-31　蜜蜂的飞行路径

最终的时间轴面板如图5-4-32所示。

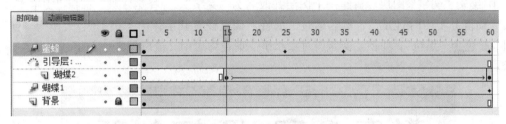

图 5-4-32　最终的时间轴面板

⑥ 保存文档并导出影片。利用"文件"→"另存为"命令将文档保存为"花园.fla",利用"文件"→"导出"→"导出影片"命令,将该文档导出为"花园.swf"。

5. 遮罩动画的制作

遮罩动画是 Flash 中一个很重要的动画类型,很多效果丰富的动画都是通过遮罩动画来完成的。在 Flash 动画中,"遮罩"主要有两个用途:一个是用在整个场景或一个特定区域,使场景外的对象或特定区域外的对象不可见;另一个是用来遮罩住某一个元件的一部分,从而实现一些特殊效果。

例如,利用提供的素材,制作一个自动展开画轴的动画,舞台大小为 900×200 像素,背景颜色为绿色,帧频为默认,整个动画共 50 帧,前后各 5 帧为静止帧,效果如图5-4-33所示。

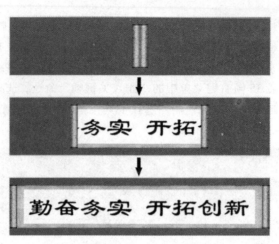

图 5-4-33　实例效果

① 首先新建一个 Flash 文件，将"画布.jpg"和"画轴.jpg"导入到库。选择"修改"→"文档"命令，在弹出的"文档属性"对话框中更改舞台大小为 900×200 像素，背景颜色为绿色，单击"确定"按钮。

② 编辑"画布"图层。将"图层 1"名称改为"画布"，然后从库中将"画布.jpg"拖至舞台，使其水平、垂直均居中，再在该图层第 50 帧的位置插入帧，最后锁定该图层。

③ 编辑"画纸"图层。新建一个图层并改名为"画纸"。选择第 1 帧，选择"矩形工具"，通过"属性"面板将笔触设置为"无色"，填充色为"白色"，然后绘制一个 800×120 的矩形，并使其水平、垂直均居中，最后锁定该图层。

④ 编辑"文字"图层。新建一个图层并改名为"文字"。选择第 1 帧，选择"文字工具"，输入"勤奋务实 开拓创新"，然后通过"属性"面板设置其字体为"隶书"、大小为"90"、加粗、颜色为"黑色"，并使"文字"对象水平、垂直均居中，最后锁定该图层，如图 5-4-34 所示。

勤奋务实　开拓创新

图 5-4-34　三个图层的效果

⑤ 编辑"遮罩"图层。新建一个图层并改名为"遮罩"。在第 1 帧处绘制一个能覆盖"画布"图片的矩形，填充色任意，并使其水平、垂直均居中，然后利用右击快捷菜单将该矩形转换为"元件"。在第 5 帧和第 45 帧处插入关键帧，然后分别将第 1 帧和第 5 帧中元件的宽度缩小为"1"，水平居中，在 5～45 帧之间创建传统补间动画。

右击"遮罩"图层，选择快捷菜单中的"遮罩层"命令，"图层"面板如图 5-4-35 所示，"文字"层将下降一级。然后依次右击"画纸""画布"图层，在快捷菜单中选择"属性"命令，弹出图 5-4-36 所示的"图层属性"对话框，选中"被遮罩"选项，单击"确定"按钮。"图层"面板如图 5-4-37 所示。

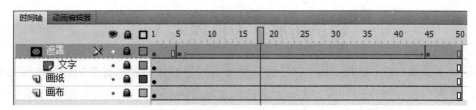

图 5-4-35　遮罩图层

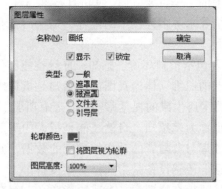

图 5-4-36　"图层属性"对话框

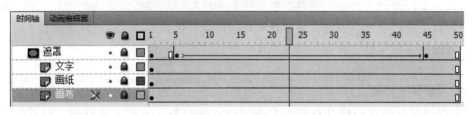

图 5-4-37　"图层"面板

⑥ 编辑"左画轴"图层。新建一个图层并改名为"左画轴"。在第 1 帧处将库中的"画轴.jpg"元件拖至舞台中间,利用"对齐"面板使其垂直居中、水平位置中间偏左(能与右画轴平列)。在第 5 帧和第 45 帧处插入关键帧,将第 45 帧的该元件水平左对齐。在第 5 帧~第 45 帧之间创建传统动画,最后锁定该图层。

⑦ 编辑"右画轴"图层。采用上述类似的方法制作画轴右移的动画效果(将"画轴.jpg"元件拖至舞台后,先利用"修改"→"变形"→"水平翻转"命令将其水平翻转一下。)

最终的时间轴如图 5-4-38 所示。

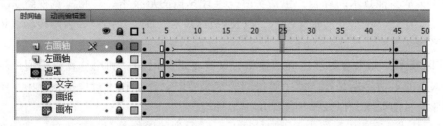

图 5-4-38　最终的时间轴

⑧ 保存文档并导出影片。利用"文件"→"另存为"命令将文档保存为"书法画卷.fla",利用"文件"→"导出"→"导出影片"命令,将该文档导出为"书法画卷.swf"。

第 5 章　多媒体技术

知识拓展：虚拟现实 VR

虚拟现实技术（Virtual Reality，VR）是一种可以创建和体验虚拟世界的计算机仿真系统，它利用计算机生成一种模拟环境，是一种多源信息融合的交互式的三维动态视景和实体行为的系统仿真，使用户沉浸到该环境中。

虚拟现实技术是仿真技术的一个重要方向，是仿真技术与计算机图形学、人机接口技术、多媒体技术、传感技术、网络技术等多种技术的集合，是一门富有挑战性的交叉技术前沿学科和研究领域。

虚拟现实技术（VR）主要包括模拟环境、感知、自然技能和传感设备等方面。模拟环境是由计算机生成的、实时动态的三维立体逼真图像。感知是指理想的 VR 应该具有一切人所具有的感知。除计算机图形技术所生成的视觉感知外，还有听觉、触觉、力觉、运动等感知，甚至还包括嗅觉和味觉等，也称为多感知。自然技能是指人的头部转动，眼睛、手势或其他人体行为动作，由计算机来处理与参与者的动作相适应的数据，并对用户的输入做出实时响应，并分别反馈到用户的五官。传感设备是指三维交互设备。

虚拟现实中的"现实"是泛指在物理意义上或功能意义上存在于世界上的任何事物或环境，它可以是实际上可实现的，也可以是实际上难以实现的或根本无法实现的。而"虚拟"是指用计算机生成的意思。因此，虚拟现实是指用计算机生成的一种特殊环境，人可以通过使用各种特殊装置将自己"投射"到这个环境中，并操作、控制环境，实现特殊的目的，即人是这种环境的主宰。

1. 虚拟现实的特征

① 多感知性：指除一般计算机所具有的视觉感知外，还有听觉感知、触觉感知、运动感知，甚至还包括味觉、嗅觉、感知等。理想的虚拟现实应该具有一切人所具有的感知功能。

② 存在感：指用户感到作为主角存在于模拟环境中的真实程度。理想的模拟环境应该达到使用户难辨真假的程度。

③ 交互性：指用户对模拟环境内物体的可操作程度和从环境得到反馈的自然程度。

④ 自主性：指虚拟环境中的物体依据现实世界物理运动定律动作的程度。

2. 虚拟现实的关键技术

虚拟现实是多种技术的综合，包括实时三维计算机图形技术，广角（宽视野）立体显示技术，对观察者头、眼和手的跟踪技术，以及触觉/力觉反馈、立体声、网络传输、语音输入输出技术等。

① 实时技术：如果有足够准确的模型，又有足够的时间，利用计算机模型产生图形图像并不是太难的事情。但是在 VR 中解决的关键是实时，例如在飞行模拟系统中，图像的刷新和对图像质量的要求，以及添加复杂的虚拟环境。

② 显示技术：在 VR 系统中，用户的两只眼睛看到的图像是分别产生的，显示在不同的显示器上。有的系统采用单个显示器，但用户带上特殊的眼镜后，两个眼睛可以分开看到奇数帧图像和偶数帧图像，奇、偶帧之间的不同也就是视差，就产生了立体感。

③ 跟踪技术：在人造环境中，每个物体相对于系统的坐标系都有一个位置与姿态，在

传统的计算机图形技术中，用户的视觉系统和运动感知系统是分离的，而利用头部跟踪来改变图像的视角，用户的视觉系统和运动感知系统之间就可以联系起来，感觉更逼真。另外，用户不仅可以通过双目立体视觉去认识环境，而且可以通过头部的运动去观察环境。

④ 输入输出技术：对于三维空间来说，它有六个自由度，人们很难利用鼠标的平面运动映射成三维空间的任意运动。例如，人能够很好地判定声源的方向，在 VR 系统中，解决了声音的方向与用户头部的运动无关；利用在手套内层安装一些可以振动的触点来模拟触觉；在虚拟环境听懂人的语言，并能与人实时交互。目前已经有一些设备可以提供六个自由度，如 3Space 数字化仪和 SpaceBall 空间球、性能优异的数据手套和数据衣等。

3. 虚拟现实的应用领域

现阶段在很多人的认知中提到虚拟现实设备，首先想到的是"游戏外设"，其实虚拟现实技术已经在许多行业和领域当中得到运用，甚至已经在深刻影响和改变各个行业的格局。

① 医疗保健：在虚拟环境中，可以建立虚拟的人体模型，借助于跟踪球、HMD、感觉手套，学生可以很容易了解人体内部各器官结构，这比现有的采用教科书的方式要有效得多。另外，虚拟现实技术也可以成为一些更加严重的压力疾病或心理疾病的治疗工具。

② 航空领域：用前沿的虚拟现实技术来控制火星上的机器人，以及为宇航员提供一种方式来减轻压力。人们还可以通过虚拟现实看到"太空发射系统"火箭顶部太空舱外的美景。

③ 博物馆：虚拟现实可以把用户立刻传送到巴黎卢浮宫、雅典卫城以及纽约市的古根海姆美术馆，一天之内游遍。目前一些博物馆已经与开发商合作创建虚拟空间，人们可以体验到博物馆的实体馆藏。

④ 汽车制造业：虚拟现实已经走进汽车研发的中心，可以让企业员工带上虚拟现实头盔来检查汽车的内部和外部，以便发现一些潜在的问题，也可以在汽车被生产出来以后坐在车里体验。

⑤ 教育领域：虚拟现实可以让认知学习速度更快，更有效。可以为教育机构提供一站式的虚拟现实解决方案，让孩子们能够在虚拟环境中提高学习的动力，还能帮助教育机构优化教学手段。

⑥ 军事领域：虚拟战场 2 和 Unity 3D 等游戏的非商业性版本被用于制备部队作战。这种游戏模拟允许团队在使用真实世界的战术装备之前，在虚拟现实环境中练习合作达成目标。另外也可以使用虚拟现实模拟器训练士兵。

⑦ 商业领域：虚拟现实可以提供整个商店的虚拟导游，提高传统在线购物的体验。相对于传统的通过查看网站目录购物，消费者可以得到实时的购物体验，甚至和朋友一起购物。

⑧ 娱乐领域：人们可以通过 VR 头显设备投射出的巨大虚拟屏幕看电影，在图像和声音效果的包围中，他们会觉得自己身临其境；虚拟现实已经建成了虚拟球场或虚拟演唱会，可以在家和朋友们身临其境感受比赛或演唱会现场的激情。

本 章 小 结

本章介绍了多媒体技术的一些相关概念，包括多媒体和多媒体技术的含义，多媒体的相关技术和应用，以及多媒体系统的软硬件组成等。另外对于多媒体信息处理过程中涉及的音频处理、图像处理和动画处理进行详细介绍，尤其是利用 Photoshop 进行图像处理、利用 Flash

进行动画处理。

本章的目的一方面要求学生了解并掌握多媒体的一些基本概念，以及多媒体信息在处理过程中相关的知识点，尤其是要让学生熟练掌握如何使用 Photoshop 和 Flash 进行图像和动画的实践技能的操作。

本 章 习 题

一、单选题

1. 计算机的多媒体技术是以计算机为工具，接受、处理和显示由_____等表示的信息的技术。

    A. 中文、英文、日文　　　　　　　　B. 图像、动画、声音、文字和影视

    C. 拼音码、五笔字形码　　　　　　　D. 键盘命令、鼠标器操作

2. 以下属于视频制作的常用软件的是_____。

    A. Word　　　　　　　　　　　　　　B. Photoshop

    C. Ulead Video Edit　　　　　　　　D. Ulead Audio Edit

3. 以下容量为 4.7 GB 的只读光存储器是_____。

    A. CD-ROM　　　　B. DVD-ROM　　　　C. CD 刻录机　　　　D. DVD 刻录机

4. 以下_____不是扫描仪的主要性能指标。

    A. 分辨率　　　　　B. 连拍速度　　　　C. 色彩位数　　　　D. 扫描速度

5. 计算机采集数据时，单位时间内的采样数称为_____，其单位是用 Hz 来表示。

    A. 采样周期　　　　B. 采样频率　　　　C. 传输速率　　　　D. 分辨率

6. D/A 转换器的功能是将_____。

    A. 声音转换为模拟量　　　　　　　　B. 模拟量转换为数字量

    C. 数字量转换为模拟量　　　　　　　D. 数字量和模拟量混合处理

7. _____是衡量数据压缩技术性能好坏的重要指标之一。

    A. 压缩比　　　　　B. 波特率　　　　C. 比特率　　　　D. 存储空间

8. 存储一幅图像时，当像素数目固定时，采用_____色彩范围表示的文件所占空间最大。

    A. 256 色　　　　　B. 16 位色　　　　C. 24 位色　　　　D. 32 位色

9. 有关常见的多媒体文件格式，以下叙述错误的是_____。

    A. BMP 格式存储的是矢量图　　　　　B. JPG 格式是有损压缩格式

    C. MP3 格式是有损压缩格式　　　　　D. GIF 格式可以存储动画

10. _____文件是视频影像文件。

    A. MPEG　　　　　B. MP3　　　　　C. MID　　　　　D. GIF

11. 以下关于视频压缩的说法中，正确的是_____。

    A. 空间冗余编码属于空间压缩　　　　B. 时间冗余编码属于帧内压缩

    C. 空间冗余编码属于帧间压缩　　　　D. 时间冗余编码属于帧间压缩

12. 把连续的影视和声音信息经过压缩后，放到网络媒体服务器上，让用户边下载边收看，这种专门的技术称为_____。

    A. 流媒体技术   B. 数据压缩技术

    C. 多媒体技术   D. 现代媒体技术

13. 以下不属于多媒体声卡的功能是_____。

    A. 录制和编辑波形音频文件   B. 合成和播放波形音频文件

    C. 压缩和解压缩波形音频文件   D. 与 MIDI 设备相连接

14. 在音频处理中，人耳所能听见的最高声频大约可设定为 22 kHz，根据奈奎斯特定律，对音频的最高标准采样频率应取 22 kHz 的_____倍。

    A. 0.5   B. 1   C. 1.5   D. 2

15. 一般来说，要求声音的质量越高，则_____。

    A. 量化级数越低和采样频率越低   B. 量化级数越高和采样频率越高

    C. 量化级数越低和采样频率越高   D. 量化级数越高和采样频率越低

16. 立体声双声道采样频率为 44.1 kHz，量化位数为 8 位，一分钟这样的音乐所需要的存储量可按_____公式计算。

    A. 44.1 × 1000 × 16 × 2 × 60/8 字节   B. 44.1 × 1000 × 8 × 2 × 60/16 字节

    C. 44.1 × 1000 × 8 × 2 × 60/8 字节   D. 44.1 × 1000 × 16 × 2 × 60/16 字节

17. WMA 格式是一种常见的_____文件格式。

    A. 音频   B. 视频   C. 图像   D. 动画

18. 以下音频文件的格式当中，存储的是指令而不是声音波形本身的是_____。

    A. MIDI   B. RealAudio   C. CD   D. MP3

19. MP3_____。

    A. 是具有最高的压缩比的图形文件的压缩标准

    B. 采用的是无损压缩技术

    C. 是目前很流行的音乐文件压缩格式

    D. 为具有最高的压缩比的视频文件的压缩标准

20. 在 Windows 7 中，录音机录制的声音文件的扩展名是_____。

    A. MID   B. WMA   C. AVI   D. WAV

21. 以下叙述正确的是_____。

    A. 图形属于图像的一种，是计算机绘制的画面

    B. 经扫描仪输入到计算机后，可以得到由像素组成的图像

    C. 经摄像机输入到计算机后，可转换成由像素组成的图形

    D. 图像经数字压缩处理后可得到图形

22. 以下描述错误的是_____。

    A. 位图图像由数字阵列信息组成，阵列中的各项数字用来描述构成图像的各个像素点的亮度和颜色等信息

    B. 矢量图中用于描述图形内容的指令可构成该图形的所有直线、园、圆弧、矩形、曲线等图元的位置，维数和形状等

    C. 矢量图不会因为放大而产生马赛克现象

D. 位图图像放大后，不会产生马赛克现象

23. 关于矢量图形的概念，以下说法中，不正确的是_____。

    A. 图形是通过算法生成的

    B. 图形放大或缩小不会变形、变模糊

    C. 图形基本数据单位是几何图形

    D. 图形放大或缩小会变形、变模糊

24. JPEG 格式是一种_____。

    A. 能以很高压缩比来保存图像而图像质量损失不多的有损压缩方式

    B. 不可选择压缩比例的有损压缩方式

    C. 不支持 24 位真彩色的有损压缩方式

    D. 可缩放的动态图像压缩格式

25. 以下有关 GIF 格式叙述不正确的是_____。

    A. GIF 格式已经成为 Web 图像的标准格式之一

    B. GIF 采用有损压缩方式

    C. 压缩比例小于 JPEG 格式

    D. GIF 格式最多只能显示 256 种颜色

26. _____类型的图像文件具有动画功能。

    A. JPG   B. BMP   C. GIF   D. TIF

27. _____是过渡动画的正确叙述。

    A. 中间的过渡帧由计算机通过首尾帧的特性以及动画属性要求来计算得到

    B. 过渡动画必须建立动画过程的首尾两个关键帧的内容

    C. 过渡动画中的每一帧都必须由人工重新设计

    D. 当帧频率为 6fps 时，就能看到非常流畅的视频动画

28. 以下有关过渡动画叙述错误的是_____。

    A. 中间的过渡帧由计算机通过首尾帧的特性以及动画属性要求来计算得到

    B. 过渡动画不需要建立动画过程的首尾两个关键帧的内容

    C. 过渡动画中的每一帧都必须由人工重新设计

    D. 当帧频率达到足够的数量时，才能看到比较连续的视频动画

29. 在 Flash 中如果要制作人物行走的动画，最好选择_____功能。

    A. 逐帧动画   B. 形状补间动画   C. 骨骼   D. 动画补间动画

30. 以下属于多媒体集成工具的是_____。

    A. Photoshop   B. Flash

    C. Ulead Audio Editor   D. Authorware

二、填空题

1. 多媒体计算机获取图像的方法有：使用数码照相机、_____、数码摄像机、数码摄像头、视频捕捉卡，以及直接在计算机上绘图等。

2. 单位时间内的采样频率称为_____，其单位是用 Hz 来表示。

3. 数据压缩算法可分无损压缩和_____压缩两种。

4. 视频信息的压缩是将视频信息重新编码，常用的方法包括_____冗余编码、时间冗余编码和视觉冗余编码。

5. 利用计算机对语音进行处理的技术包括语音识别技术和语音_____技术，它们分别使计算机具有"听话"和"讲话"的能力。

6. _____是利用计算机及有关外围设备使人在与计算机进行交互时，产生如同在真实环境中一样的感觉的软硬件系统的综合。

7. _____音频是将电子乐器演奏时的指令信息通过声卡上的控制器输入计算机或利用一些计算机处理软件编辑产生音乐指令集合。

8. 在图像中用 8 位二进制数来表示像素色彩位数时，能表示_____种不同的颜色。

9. 在屏幕上显示的图像通常有两种描述方法。一种称为点阵图像，另一种称为_____。

10. MPEG 编码标准包括：_____、MPEG 音频、视频音频同步三大部分。

第6章

→ 网络通信技术

计算机技术和现代通信技术相结合形成了计算机网络。在当前，计算机网络已经渗透到了社会的各个领域，尤其是随着 Internet、无线网络的普及和应用，人们的生活与计算机网络已密不可分。

从功能结构上看，计算机网络可划分为两层结构：外层为由主机构成的资源子网，主要提供共享资源和相应的服务；内层为由通信设备和通信线路构成的通信子网，主要用来提供网络的数据传输和交换。

6.1 数据通信基础

数据通信是一门独立的学科，它研究计算机之间或计算机与数字终端设备之间使用数字信号进行的通信的理论和方法，已经成为现代信息技术领域中的一个重要方面。数据通信技术是构成现代计算机网络的重要基石之一。

6.1.1 数据通信的常用术语

1. 信息

信息是通信传输过程中数据所包含的内容，其载体一般为数字、文字、语音和图像等。数据通信的目的是为了交换信息。

2. 数据

数据一般只涉及事物的表现形式，而信息则涉及这些数据的内容和解释。数据是信息的载体，一般用二进制代码表示。

3. 信号

信号是数据在传输过程中的表示形式，通常分为模拟信号和数字信号。模拟信号是连续变化的，而数字信号则是分立离散的，如图 6-1-1 所示。

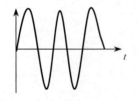
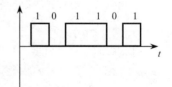

（a）模拟信号　　　　　　　　　　（b）数字信号

图 6-1-1　两种信号的示意图

4. 信道

信号传输的通路称为信道。在数据通信中，按传输信号的类型可分为模拟信道和数字信道；按是否存在传输介质和通信设备可分为物理信道和逻辑信道；按传输介质是否有形可分为有线信道和无线信道；按使用的权限可分为专用信道和公用信道。

5. 数据通信的系统模型

一个数据通信的系统模型由数据源、数据通信网、数据宿三部分组成，如图 6-1-2 所示。数据源发送数据，经由数据通信网传输，输出到数据宿中区，数据宿是数据通信网络的终端用户，如计算机、数据终端设备等。数据通信网介于数据源跟数据宿之间，通常由发送设备、传输信道和接收设备组成，起到数据转换和传输的功能。

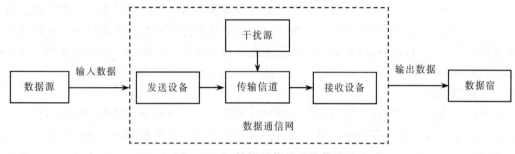

图 6-1-2　数据通信的系统模型

由于在传输信道上总会存在干扰，干扰源的强度以及系统的抗干扰的能力影响整个通信系统的质量，通信技术需要解决的一个重要问题就是如何从信号中恢复原有的真实数据。

6. 调制和解调

来自数据源的输入数据，首先要通过发送设备转换为适合于通过传输信道的信号波形，传输信道若接受模拟信号这一变换过程，称为调制（Modulation）或编码（Code）。经过调制或编码的信号通过传输信道，到达数据宿之前，接收设备从传输来的信号中恢复出数据，这一变换过程相应地称为解调（Demodulation）或解码（Decode）。调制和解调往往在一个称为调制解调器（Modem）的设备中完成。

例如，通过普通电话线进行数据通信。由于计算机内的数据属于数字信号，而普通电话线传输的是模拟信号，因此数据源发送的数据首先要通过调制解调器的调制成为可传输的模拟信号，然后通过公共电话网进行模拟信号的传输，最后通过接收方的调制解调器的解调为原始数据（即数字信号）传送给数据宿。

6.1.2　常用传输介质

传输介质是通信网络中发送方和接收方之间的物理通路，即通信线路。通信网络中的传输介质有有线传输介质和无线传输介质两大类。

1. 有线传输介质

有线传输介质主要有双绞线、同轴电缆、光纤等（见图 6-1-3）。

（a）双绞线　　　　　　（b）同轴电缆　　　　　　（c）光纤

图 6-1-3　常用的有线传输介质

（1）双绞线

双绞线由两根导线互相缠绕绞合而成，若将一对或多对双绞线安装在一个套筒内，就构成了双绞线电缆。由于两个导线的相互缠绕，可使各线对之间的电磁干扰最小。双绞线可以传输模拟信号，也可以传输数字信号，传输速度可达 100～155 MB/s。双绞线使用方便，经济实用，但线路损耗大，易受各种电信号干扰，因此适合于短距离的传输。

（2）同轴电缆

同轴电缆由四部分构成。第一部分是最里层的传导物，为铜质或铝质的电缆芯线，用于传输信号；第二部分为包围裸线的绝缘材料；第三部分为一层紧密缠绕的网状导线，这种编织导线起屏蔽层的作用，保护裸线免受电磁干扰；第四部分为同轴电缆的最外一层，是起保护作用的塑料外皮。同轴电缆传输容量大，抗干扰性好，但一般价格比较高。

（3）光纤

光纤线由纤芯、包层和套层组成。纤芯一般由纯净的玻璃制成，作为光通路；包层含有多层反射玻璃纤维，可将光线反射到纤芯，一般由玻璃或塑料制成，其光密度要比纤芯低；最外层是起保护作用的套层，以保证光缆有一定的强度。

利用光纤作为传输介质进行信息传输时，在发送端需将表示信息的电信号经过光电转换器转换成光信号，沿着光纤传送至接收端，然后由光敏二极管还原成原来的电信号。光纤传输数据速率快、信号衰减低，能有效屏蔽外界的电磁干扰，适合远距离传输。

2. 无线传输介质

无线传输介质是指以自由空间作为通信介质来实现数据传输。无线传输介质主要有微波线路、卫星线路、红外传输等。

（1）微波线路

利用微波通信一般发生在两个地面站之间。如果要实现长途传输，可以通过设置中继站（见图 6-1-4）进行信号的传递。微波通信的优点在于其宽带特性，可以传输大容量的信号；其缺点是只能直线传播，并且受环境条件的影响比较大，因而其使用范围有一定的限制。

（2）卫星线路

卫星通信实际上也是微波通信的一种，只不过它的中继站是绕地球轨道运行的卫星，如图 6-1-5 所示。卫星传输突破了地域的界限，具有海量的带宽，有广泛的应用市场。其应用包括电话、电视、新闻服务、天气预报以及军事用途等。卫星通信不受地理环境和通信距离的限制、通信频带宽等；其缺点是信号有延迟，受雨雪的影响等，目前实现和使用的代价比较昂贵。

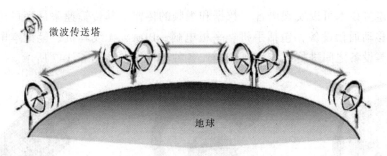

图 6-1-4　远距离微波中继通信系统

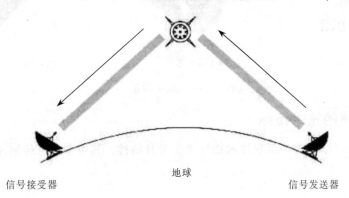

图 6-1-5　卫星传输示意图

（3）红外线路

红外传输是使用红外线为载体来传输数据，由于红外线无法穿越物体，因而要求发射方和接收方彼此处在视线范围内。红外路径传输数据的速度很快。红外传输的优点是使用方便、速度快、传输安全，适用于近距离的数据传输，如图 6-1-6 所示。

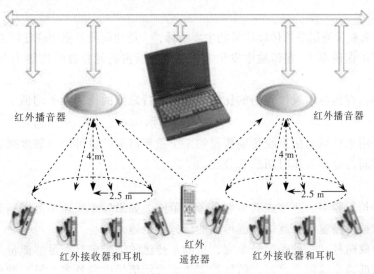

图 6-1-6　红外传输实例

（4）蓝牙通信

蓝牙技术（Bluetooth）是一种支持设备短距离通信（一般 10 m 内）低成本的无线连接技

术，这种无线连接技术可以实现语音、数据和视频的传输，其传输速率最高可达 1 MB/s。它使目前的一些移动通信设备，包括手机、平板电脑、PDA、无线耳机、笔记本电脑、无线键盘、无线鼠标等设备之间进行无线信息交换。各种蓝牙设备如图 6-1-7 所示。

（a）蓝牙标志　　　　　（b）蓝牙耳机　　　　　（c）蓝牙适配器

图 6-1-7　蓝牙设备

6.1.3　数据通信的技术指标

数据通信系统可以使用一系列技术指标来衡量其特性，其中主要有传输速率、差错率和可靠性等。

1. 传输速率

传输率用来衡量通信系统传输能力的主要指标，一般用比特率或波特率来表示。

比特率是一种数字信号的传输速率，反映了单位时间内传输二进制代码的有效位数，其单位为比特/秒（bit/s）。

波特率是一种调制速率，又称波形速率，反映的是线路中每秒传送的波形的个数，其单位为波特（baud）。

2. 差错率

差错率是用来衡量通信系统传输质量的主要指标，一般用码元差错率或比特差错率来表示。

码元差错率（误码率）：在传输中发生差错的码元所占码元总数的比例（平均值），一般要求低于 10^{-6}。

比特差错率：在传输中发生差错的比特数所占比特总数的比例（平均值）。

3. 可靠性

可靠性也是用来衡量通信系统传输质量的一个重要指标，也可用可靠度来表示。可靠度是指正常工作时间占全部工作时间的百分比。

4. 带宽

带宽是指波长、频率、速率或其他能量带的范围。如果频率或速率范围越宽，那么它的带宽就越宽，数据传输速度也越快，能传输的信息量也越大。

带宽主要分成两种，一种是信号带宽，指的是传送的信号中具有足够能量的信号的最高速率或频率和最低速率或频率之差，信号带宽越大表示信号内容越多。另一种是信道带宽，也称信道容量，是指能够传输的足够能量的最高速率或频率和最低速率或频率之差。

对于数字信号和数字信道，带宽用速率范围来描述，因此它的单位是 bit/s；对于模拟信号和模拟信道，带宽用频率范围来描述，因此它的单位是赫兹（Hz）。

6.2　计算机网络基础

计算机网络是计算机技术与通信技术迅猛发展、相互促进和相互结合的产物。自 20 世纪 50 年代问世以来，计算机网络逐渐影响着人类社会的各个方面。如今，其已广泛应用于政府机关、学校、企事业单位、金融学通、军事指挥系统以及科学实验系统等领域。计算机网络的发展水平也已经成为衡量一个国家现代化和信息化发展水平的重要依据之一。

6.2.1　计算机网络概述

随着计算机技术和通信技术的不断发展，计算机网络也经历了以单机为中心的面向终端的计算机网络、多个计算机互连共享资源的计算机网络、遵循国际标准化协议实现网络互连的计算机网络，以及当前以 Internet 为核心的计算机网络。

1.　计算机网络的定义

计算机网络是通过通信线路和通信设备，把地理上分散的、具有独立功能的多台计算机互相连接起来，按照共同的网络协议进行数据通信，用功能完善的网络软件实现资源共享的系统。简单地说，计算机网络就是互连起来的相互独立的计算机的集合。

关于计算机网络的定义，可以从以下几个要素来理解：

① 多台具有独立功能的计算机。一台计算机组成不了计算机网络，至少需要两台计算机，而且这些计算机都不存在依赖关系，具有独立功能，不仅能独立完成通信任务，还有处理数据的能力。

② 通信线路和通信设备。计算机之间必须通过通信线路加以连接，通信线路可以是有线的，也可以是无线的，并通过通信设备进行信息的转换和传输。

③ 通信协议。要使网络中的计算机之间能有序的交换数据，每个结点都必须要遵循一些事先约定好的规则和协议。

④ 以资源共享为目的。计算机网络是以共享资源为主要目的的，所以在网络中要有共享的资源，包括硬件资源和软件资源。

2.　计算机网络的分类

计算机网络的分类标准有很多，如按传输技术分，有广播式与点到点式的网络；按交换方式分，有报文交换与分组交换等；按使用范围分，有公用网和专用网。也可以按拓扑结构分，有星状、总线、环状、网状等，但目前较多的是按照计算机网络的分布距离来分，可分为局域网（LAN）、城域网（MAN）和广域网（WAN）。

（1）局域网（LAN）

局域网是将较小地理区域内的计算机或数据终端设备连接在一起的通信网络。局域网覆盖范围小，一般在 10 m～1 km，常用于组建一个办公室、一栋楼、一个楼群、一个校园或一个企业的计算机网络。目前局域网的数据传输速率高，一般有 10～1 000 Mbit/s，且传输延迟低、误码率低等优点。

（2）城域网（MAN）

城域网是将一个城市之内不同地点的多个计算机局域网连接起来实现资源共享。城域网实际上是一个大型的 LAN，它的覆盖范围介于局域网和广域网之间，一般在 5～10 km。

（3）广域网（WAN）

广域网是在一个广阔的地理区域内进行数据、语音、图像信息传输的计算机网络，其覆

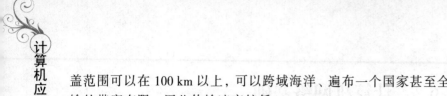

盖范围可以在 100 km 以上，可以跨域海洋、遍布一个国家甚至全球。但是由于远距离数据传输的带宽有限，因此传输速率较低。

3. 计算机网络的拓扑结构

计算机网络的拓扑结构是指网络结点和通信线路的几何排列，也称网络物理结构图型。

（1）总线

总线拓扑结构采用单根传输线路（总线）来连接若干个结点构成网络。网络中所有的结点通过总线进行信息的传输。这种结构的特点是结构简单灵活、建网容易、使用方便、性能好。其缺点是主干总线对网络起决定性作用，总线故障将影响整个网络，如图 6-2-1 所示。

（2）星状

星状拓扑结构以中央结点为中心与各个结点连接组成网络。这种网络各结点必须通过中央结点才能实现通信。星状结构的特点是结构简单、建网容易，便于控制和管理。其缺点是中央结点负担较重，容易形成系统的"瓶颈"，线路的利用率也不高，如图 6-2-2 所示。

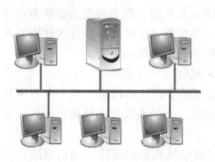

图 6-2-1　总线拓扑结构

图 6-2-2　星状拓扑结构

（3）环状

环状拓扑结构由各结点通过通信线路首尾相连形成一个闭合环状的网络。环状网络中的信息传送是单向的，即信息沿固定方向流动。这种结构的特点是结构简单、建网容易、可靠性高、便于管理。其缺点是当结点过多时，将影响传输效率，不利于扩充，如图 6-2-3 所示。

（4）网状

网状拓扑结构中，各结点之间的连接是任意的、无规律的，且每两个结点之间的通信线路可能有多条。这种结构主要用于广域网，其优点是可靠性高，但由于结构比较复杂，建设成本较高，如图 6-2-4 所示。

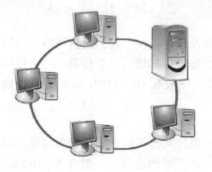

图 6-2-3　环状拓扑结构

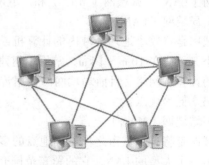

图 6-2-4　网状拓扑结构

6.2.2 计算机网络协议

在网络上通信的双方必须遵守相同的协议，才能正确地交流信息，就像人们谈话要用同一种语言一样，如果谈话时使用不同的语言，就会造成相互间无法进行交流。因此，协议是在计算机网络中至关重要的。

1. 网络协议

在计算机网络中有许多互相连接的结点，这些结点间要不断地进行数据交换。要做到有条不紊地交换数据，每个结点必须遵循一些事先约定好的规则。这些为进行网络中的数据交换而建立的规则、标准或约定就称为网络协议。

网络协议有三个要素：语义、语法、时序。语义用来说明通信双方应该怎么做；语法用来规定信息格式；时序用来说明时间的先后顺序。例如，用什么格式来表达、组织和传输数据，何时开始发生，何时结束等。

目前，计算机网络用于网络互联的协议模型主要有两个：OSI 参考模型（见图 6-2-5）和 TCP/IP 模型（见图 6-2-6）。OSI 参考模型将网络的通信过程划分为七个层次，并规定了各层相关协议的具体功能。TCP/IP 模型是一个用于描述互联网体系结构的网络模型，同样也是一个划分了四个层次的模型。OSI 参考模型是概念上的模型，而 TCP/IP 模型是事实上的模型，是从 Internet 上发展起来的。

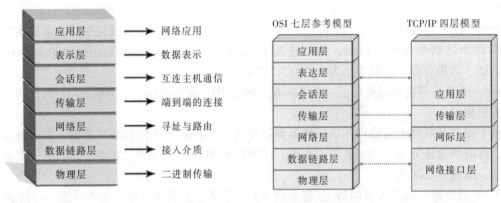

图 6-2-5　OSI 参考模型　　　　图 6-2-6　TCP/IP 模型与 OSI 参考模型

2. TCP/IP 协议

TCP/IP 协议是互联网上的计算机之间进行通信的协议，这个协议定义了电子设备（如计算机等）如何连接到互联网上，以及数据如何在这些电子设备之间传输的规则。这个协议起源于 20 世纪 70 年代中期的美国国防部为其 APPANet 网开发的网络体系结构和协议标准，后来发展成为构建 Internet 的基础，又成为局域网首选的网络协议。

TCP/IP 协议实际上是 Internet 所使用的一组协议集的统称，图 6-2-7 所示的 TCP/IP 协议栈。除了最基本的 TCP 协议（Transmission Control Protocol，传输控制协议）、IP 协议（Internet Protocol，互联网协议）外，还包括上百个具有独立功能的协议，如比较熟悉的超文本传输协议（HTTP）、简单邮件协议（SMTP）、文件传输协议（FTP）等。

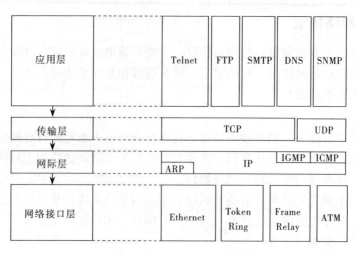

图 6-2-7　TCP/IP 协议栈

3. IP 地址

不同的局域网络中的主机，会有不同的物理网络地址，当通过有关网络设备连成互联网络时，为了方便实现互联网主机之间的通信，IP 协议采用了一种全网通用的地址格式，一方面为全网的每一个网络和每一台主机都分配一个唯一的地址，另一方面以此屏蔽各种网络地址的差异。

目前，IP 地址使用 32 位二进制地址格式（即 IPv4 地址），为了方便记忆，通常使用以点号分隔的十进制来表示，例如，用二进制表示的 IP 地址 11000000 10101000 00000111 11111110，可用点分十进制表示为 192.168.7.254。

一个 IP 地址可由两部分组成：网络标识（网络 ID）和主机标识（主机 ID），也称网络地址和主机地址。

由于接入互联网上的物理网络的规模差异很大，为了便于对 IP 地址的管理，按网络规模大小，将网络地址分为 A 类、B 类、C 类、D 类和 E 类，其中 A 类、B 类、C 类是三个常用类地址，如图 6-2-8 所示。

① A 类地址（用于大型网络）：前 8 位（1 个字节）为网络地址，第 1 位为 0，其余 24 位（3 个字节）表示主机地址，首字节的取值范围为 0～127。

② B 类地址（用于中型网络）：前 16 位（2 个字节）为网络地址，第 1、2 位为 10，其余 16 位（2 个字节）表示主机地址，首字节的取值范围为 128～191。

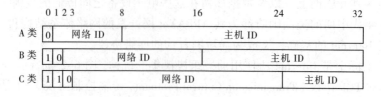

图 6-2-8　IP 地址常用类的格式

③ C 类地址（用于小型网络）：前 24 位（3 个字节）为网络地址，第 1、2、3 位为 110，其余 8 位（1 个字节）表示主机地址，首字节的取值范围为 192～223。

注意：并非所有的 IP 地址都是可用的，如网络号和主机号不能全为 0 或 255 等。

以前人们使用的是互联网 IPv4 技术，它的最大问题是网络地址资源有限。随着互联网的迅速发展，IPv4 定义的地址空间近乎枯竭。在这样的环境下，IPv6 应运而生，单从数字上来说，IPv6 采用 128 位地址长度，所拥有的地址容量理论上可达到 2^{128} 个。这不但解决了网络地址资源数量的问题，同时也为除计算机外的其他设备连入互联网在数量限制上扫清了障碍。

4. 域名

IP 地址虽然可以唯一地标识互联网中的每一台主机，但用户记忆用数字表示的 IP 地址非常困难。为此，Internet 提供了一种域名系统（Domain Name System，DNS）来解决用户记忆问题。

域名（Domain Name）是为了便于记忆互联网中的主机而采用的符号代码，和 IP 地址是相对应的。例如百度 WWW 服务器的 IP 地址为 115.239.211.112，域名为 www.baidu.com。

域名采用"主机名.组织机构名.….顶级域名"的层次树状结构，各级子域名间用小数点"."分隔。以一个常见的域名为例说明，www.baidu.com 域名是由三部分组成，其中"www"为主机名，代表了为用户提供服务的主机类型，"baidu"是域名的主体，代表组织或机构的名称，"com"则是该域名的顶级域名，代表的是商业机构。

顶级域名是域名地址的最后一部分，也称最高级域名，顶级域名在 Internet 中是标准化的，分为地理域名和行业类型域名。地理域名一般用两个字母来表示国家或地区名，行业类型域名一般用三个字母来表示行业类型。常见的顶级域名如表 6-2-1 所示。

表 6-2-1　常见的顶级域名

地理域名	含　义	行业类型域名	含　义
au	澳大利亚	com	商业机构
ca	加拿大	edu	教育部门
cn	中国	gov	政府部门
de	德国	int	国际组织
jp	日本	mil	军事机构
uk	英国	net	网络机构
us	美国	org	组织机构

6.2.3　局域网基础

从 20 世纪 70 年代末开始，越来越多的用户对计算机应用的要求不仅仅局限在对自身功能方面，而是需要与其他计算机进行资源共享或数据通信，由此提出了计算机互联成网的要求，在此客观需要下计算机局域网应运而生。

1. 局域网的概念

局域网是将分散在有限地理范围内（如一栋楼，一个部门）的多台计算机通过传输介质互联起来的通信网络，通过功能完善的网络软件，实现计算机之间的资源共享或数据通信。图 6-2-9 所示是一个典型局域网的示意图。

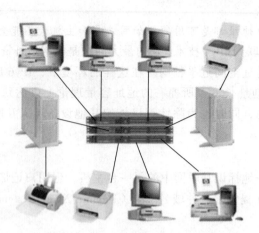

图 6-2-9 典型局域网的示意图

IEEE802 局域网标准化委员会对局域网的定义是：局域网是一个数据通信系统，其传输范围在中等地理区域，使用中等或高等的传输速率，可连接大量独立设备，在物理信道上互相通信。

局域网一般都具有以下特点：

① 地理范围有限：一般在 10 m～10 km 之内。

② 数据传输速率高：通常为 0.1 Mbit/s～155Mbit/s，高速局域网可达 1 000 Mbit/s。

③ 误码率低：一般在 10^{-8}～10^{-11} 之间。

④ 结构简单：便于安装和维护。

⑤ 保密性好，可靠性高。

局域网特性的三大技术要素：

① 网络拓扑结构：构成局域网的拓扑结构主要有总线拓扑、星状拓扑、环状拓扑等。

② 传输介质：常用的传输介质可分为有线传输介质（如双绞线、光纤等）和无线传输介质（如微波和卫星通信等）两大类。

③ 介质访问控制方法：介质访问控制方式是指为控制网络中各个结点之间信息的合理传输，对信道进行合理分配的方法。目前在局域网中常用的访问控制方式有三种：带冲突检测的载波监听多路访问（CSMA/CD）、令牌环（Tocken Ring）、令牌总线（Tocken Bus）。

2. 以太网络

以太网（Ethernet）指的是由 Xerox 公司创建并由 Xerox、Intel 和 DEC 公司联合开发的基带局域网规范，它是一个在中等区域范围内实现计算机通信的技术规范。以太网是一种应用总线拓扑的广播式网络，其核心思想是采用 CSMA/CD（载波监听多路访问/冲突检测）介质访问控制方法使得多个设备利用共享的公共传输信道。以太网因其高度的灵活性、相对简单、易于实现的特点，是应用广泛的一种局域网。

20 世纪 90 年代以太网的结构多采用 10Base-T，而随着网络应用的不断深入和多媒体技术的应用，当前以太网的结构是 100Base-T。这两种结构都被称为是双绞线以太网，其中"10"和"100"表示数据传输速率为 10 Mbit/s、100 Mbit/s，"Base"表示采用基带传输，"T"表示使用双绞线。目前 100Base-T 以太网技术已被广泛使用，例如，生活小区利用宽带接入 Internet，就是利用建立在小区的以太网与 Internet 进行连接，计算机只需安装网卡并通过双绞线接入楼内的交换机即可。

虽然 100Base-T 的快速以太网得到了广泛的应用，然后在 3D 图形与高清视频、远程会议以及数据仓库等的应用中，还不能满足人们对更高带宽的要求。因此使用光纤作为传输介质的千兆以太网（1 000 Mbit/s）也已逐渐发展成为主流技术，甚至正在取代现有的技术，成为城域网建设的主力军。如图 6-2-10 所示，是某高校利用光纤构建的校园网的拓扑结构图。千兆以太网最大的优点是对现有以太网的兼容性，可以实现对现有以太网的平滑、无须中断的升级。

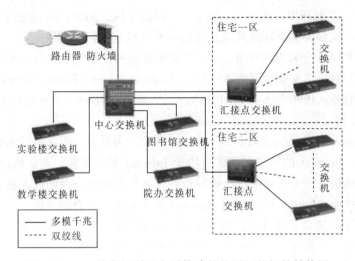

图 6-2-10　某高校利用光纤构建的校园网的拓扑结构图

3. CSMA/CD

CSMA/CD 被广泛地应用于局域网的数据链路子层，它是一种争用型的介质访问控制方法，主要是为解决多站点如何共享公用传输介质的问题。所以它是适用于总线结构及星状结构的局域网络。

CSMA/CD 的工作原理：每个结点在发送数据帧之前，首先要进行载波监听线路状态，只有总线空闲时，才允许发送帧。这时，如果两个以上的结点同时监听到总线空闲并发送帧，则会产生冲突现象，这使发送的帧都成为无效帧，发送随即宣告失败。每个结点必须有能力随时检测冲突是否发生，一旦发生冲突，则应停止发送，以免介质带宽因传送无效帧而被白白浪费，然后随机延时一段时间后，再重新争用总线，重发送帧。

简单地说：先听后发，边听边发，冲突停止，随机重发。

它的优点是：原理比较简单，技术上易实现，网络中各结点处于平等地位，不需集中控制，不提供优先级控制。但在网络负载增大时，发送时间增长，发送效率急剧下降。

6.3　Internet 基础

6.3.1　Internet 概述

Internet 是由那些使用公用语言互相通信的计算机连接而成的全球网络。一旦连接到它的任何一个结点上，就意味着计算机已经接入 Internet。

1. Internet 的发展

Internet 最早起源于美国国防部高级研究计划署 DARPA（Defence Advanced Research Projects Agency）的前身 ARPANet，该网于 1969 年投入使用。由此，ARPANet 成为现代计算机网络诞生的标志。

最初，ARPANet 主要用于军事研究目的，它基于这样的指导思想：网络必须经受得住故障的考验而维持正常的工作，一旦发生战争，当网络的某一部分因遭受攻击而失去工作能力时，网络的其他部分应能维持正常的通信工作。ARPANet 在技术上的另一个重大贡献是 TCP/IP 协议簇的开发和利用。作为 Internet 的早期骨干网，ARPANet 奠定了 Internet 存在和发展的基础，较好地解决了异种机网络互联的一系列理论和技术问题。

1983 年，ARPANet 分裂为两部分，一个是纯军事用网络 MILNet，另一个则是依靠 TCP/IP 协议建立的美国国家科学基金会网络 NSFNet（National Science Foundation Network），主要为科研及教育机构服务。1990 年 6 月，ARPANet 正式解体，NFSNet 彻底取代了 ARPANet 而成为 Internet 的主干网。

NSFNet 对 Internet 的最大贡献是使 Internet 向全社会开放，而不再仅供计算机研究人员和政府机构使用。Internet 的第二次飞跃归功于 Internet 的商业化，商业机构一踏入 Internet 这一陌生世界，很快发现了它在通信、资料检索、客户服务等方面的巨大潜力。于是世界各地的无数企业纷纷涌入 Internet，带来了 Internet 发展史上一个新的飞跃。

1992 年 Internet 协会正式成立，该协会把 Internet 定义为"组织松散，独立，国际合作的互联网络，通过自主遵守协议和过程，支持主机对主机的通信"。

我国于 1994 年 4 月正式接入 Internet，中国科学院高能物理研究所和北京化工大学为了发展国际科研合作而开通了到美国的 Internet 专线。此后，Internet 在我国蓬勃发展起来，上网人数不断增加。

根据中国互联网络信息中心（CNNIC）最新报告称，截至 2015 年 12 月，中国网民规模达 6.88 亿，互联网普及率达到 50.3%。另外，我国手机网民规模达 6.20 亿，有 90.1%的网民通过手机上网。

2. Internet 的接入

任何一台计算机要想接入 Internet，只有以某种方式与 Internet 服务提供商（Internet Services Provider，ISP）的一台主机进行连接即可。目前，Internet 的接入方式有很多，例如，电话拨号（PSTN）、综合业务数字网（ISDN）、xDSL、DDN 专线接入、局域网接入、以太网宽带接入、有线电视网接入、无源光网络（PON，光纤传输和接入技术）、无线接入等。

（1）xDSL 接入

xDSL 主要是以 ADSL 接入方式为主，ADSL（Asymmetrical Digital Subscriber Line，非对称数字用户线路）是利用原有普通电话线作为传输介质，接上一个语音分离器进行高频网络信号和低频语音信号分离，配上专用的 ADSL 调整解调器，计算机上安装网卡和相应的拨号软件即可实现数据高速传输，如图 6-3-1 所示。ADSL 的上行速率为 640 kbit/s～1 Mbit/s，下行速率为 1～8 Mbit/s，利用这种非对称的宽带传输，可以同时传输声音、视频、数据等信息。

当用 ADSL 上网时，ADSL Modem 便产生三个信息通道，一个是标准电话通道，一个是 640 kbit/s～1 Mbit/s 的上行通道，还有一个为 1～8 Mbit/s 高速下行通道。由于 ADSL 的工作频带是 4.4 kHz～1.1 MHz，不占用传统电话系统 4 kHz 以下的频段。

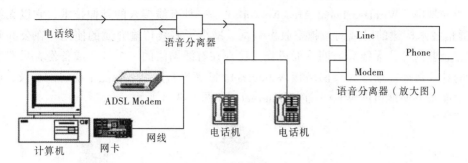

图 6-3-1　ADSL 接入方式

（2）局域网接入

如果用户计算机是在某个局域网内，而局域网与 Internet 是相互连接的，则该计算机就可以借助局域网接入 Internet。局域网接入方式主要有代理服务器方式和路由器方式两种。

代理服务器（Proxy Server）方式是指局域网的服务器通过相关传输介质与 Internet 连接，则局域网内的所有计算机都可以通过该服务器作为代理接入 Internet。代理服务器方式需要在代理服务器上运行专用的代理软件或地址转换软件进行数据转发，主要适用于计算机数量比较少，数据传输速度要求不高的小型局域网的接入，如图 6-3-2 所示。

路由器方式接入是指局域网使用路由器通过数据通信网与 ISP 相连接，再通过 ISP 的连接通道接入 Internet。路由器的一端接在局域网上，另一端接 Internet 上的连接设备，负责局域网与广域网的连接和路由选择。局域网作为 Internet 的一部分，它的每台主机都是 Internet 上的主机，都需要分配一个 IP 地址。这种方式需要的硬件设备成本较高，涉及的技术问题比较复杂，管理和维护的费用较高，但访问 Internet 的速度一般较快，主要适用在计算机数量比较多的大中型局域网的接入，如图 6-3-3 所示。

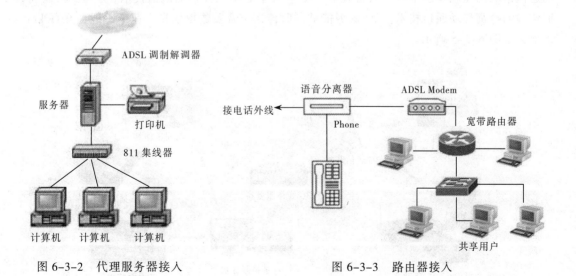

图 6-3-2　代理服务器接入　　　　　　　　图 6-3-3　路由器接入

（3）WLAN 接入

无线局域网（Wireless Local Area Network）是一种有线接入的延伸技术，它以无线射频（RF）通信技术构建的局域网来越空收发数据，减少了有线传输介质的使用。在公共开放的场所或者企业内部，无线局域网一般可作为已存在有线网络的一个补充或备份，只有安装无线网卡的计算机才能通过无线网络接入 Internet。随着平板电脑、智能手机等的普及，这些移动设备也能很方便地借助 WLAN 连接 Internet，如图 6-3-4 所示。

图 6-3-4　WLAN 接入示意图

（4）移动互联网接入

移动互联网就是将移动通信和互联网两者结合起来，成为一体。在最近几年里，移动通信和互联网成为当今世界发展最快、市场潜力最大、前景最诱人的业务。

目前常见的移动设备互联网接入方式主要有 GPRS、EDGE、3G、4G。其中，GPRS 是一种用 CMWAP 接入上网的方式，这是前几年利用移动电话 SIM 卡无线上网的方式。EDGE 是一种用 CMNET 接入上网的方式，与 GPRS 相同，只是上网速度比 GPRS 稍快。上述两种方式的上网费用是通过扣除话费来支付的。

3G 通信是移动通信市场经历了第一代模拟技术的移动通信业务的引入，在第二代数字移动通信市场的蓬勃发展中被引入日程的。3G 实际上是第三代移动通信技术，是指支持高速数据传输的蜂窝移动通信技术。3G 服务能够同时传送声音及数据信息，速率一般在几百 kbit/s 以上，如图 6-3-5 所示。

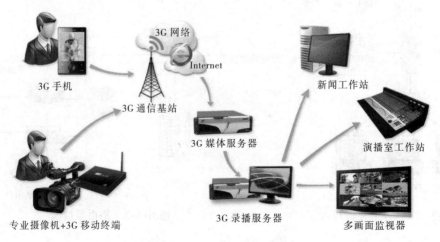

图 6-3-5　3G 通信的应用

3G 是指将无线通信与国际互联网等多媒体通信结合的新一代移动通信系统，完全是通信业和计算机工业相融合的产物。

4G 集 3G 与 WLAN 于一体，并能够快速传输数据、高质量、音频、视频和图像等。4G 能以 100 Mbit/s 以上的速度下载，比前家用宽带 ADSL 快 25 倍，并能满足几乎所有用户对于无线服务的要求。4G 的应用如图 6-3-6 所示。

高清视频　　　　实时视频传输 　　　　云端游戏 　　　　多方视频通话

高速网络带来更多可能 　　云应用 　　　　3D 导航 　　智能汽车和车联网 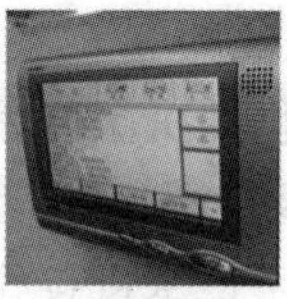　　智能家居

图 6-3-6　3G 通信的应用

3. Internet 的服务

Internet 为用户共享资源和相互通信提供了一系列服务，Internet 上的常用服务主要有电子邮件（E-mail）、文件传输（FTP）、万维网（WWW）、远程登录（Telnet）、新闻组（USENET）、电子公告栏（BBS）等。

（1）电子邮件服务

电子邮件（E-mail）是 Internet 应用最广泛的服务之一。通过网络的电子邮件系统，可以用低廉的价格、快速的方式与世界上任何一个角落的网络用户联络，这些电子邮件可以是文字、图像、声音等各种方式。同时可以得到大量免费的新闻、专题邮件，并实现轻松的信息搜索。这是任何传统的邮件通信方式无法比拟的。

（2）文件传输服务

文件传输（File Transfer Protocol，FTP）服务是 Internet 传统的服务之一，是专门为简化在网络计算机之间的文件存取而设计的。利用 FTP 服务，用户可将远程计算机上的文件复制到本机上，也可以将本机文件复制到远程计算机上。

FTP 服务采用客户机/服务器工作模式。FTP 客户机根据用户需求发出文件传输请求，FTP 服务器响应请求，协同完成文件传输工作。将文件从服务器传到客户机称为下载文件，而将文件从客户机传到服务器称为上传文件。

（3）万维网服务

万维网（World Wide Web.WWW）是当前 Internet 上应用最广泛的一种形式，有时也称 Web 或环球信息网等。它是大量文件的集合，这些文件分布在世界各地的主机上，并按照相应关系链接起来。用户通过计算机上的浏览器查阅文件中的信息，并通过链接从一个文件到另一个相关文件。

万维网中的文件被称为网页或 Web 页面，它既可以展示文本、图像、声音等多媒体信息，又可以提供一个特殊的链接到其他文件的链接点，是一个超媒体超链接文档。Web 页面通过超文本置标语言（Hyper Text Markup Language，HTML）实现文本、图像、声音等的描述。

WWW 服务采用客户机/服务器的工作模式。WWW 服务器和客户机之间采用超文本传输协议（Hyper Text Transfer Protocol，HTTP）完成信息传输。客户机使用 HTTP 协议向 WWW 服务器发起一个请求，在客户机和服务器之间建立连接，按照指定的路径获取信息资源。

通过 HTTP 协议请求的资源由统一资源定位器（Uniform Resource Locator，URL）来标识。URL 描述了浏览器检索资源所用的协议、资源所在服务器地址、资源的路径与文件名等。典型的 URL 的格式是"协议类型://主机名/目录名/文件名"，如 http://www.sicp.sh.cn/jsjjc/jsjjc.html。

（4）远程登录服务

远程登录（Telnet）能使用户很方便地使用远程主机上的软硬件资源与数据库信息，是 Internet 上重要的服务之一。远程登录采用 Telnet 协议把用户本机变成远程主机的仿真远程终端，执行远程主机上的程序，允许用户与远程主机上运行的程序进行交互。

远程登录允许任意类型计算机之间进行通信，因为远程登录后所有操作都是在远程主机上完成的，用户本机仅作为一台仿真终端向远程主机传送击键信息和显示结果。利用远程登录也可以完成只有大型计算机才能完成的任务。

（5）新闻组服务

新闻组（Usenet）是一个电子讨论组，它集中了对某一主题有共同兴趣的人发表的文章。在这里，用户可以与遍及全球的其他用户交流对某些问题的看法，分享有益的信息，为有困难的人提供帮助。新闻组按不同的讨论主题分为不同的讨论组，讨论组的名字反映了其讨论内容。在讨论组中能找到大量与其主题有关的文章，以及对许多问题的讨论。

新闻组的信息由新闻组服务器发送到世界各地，用户可以选择自己喜欢的新闻组的服务器来接收这些信息，并参与讨论。可用于访问新闻组的软件有很多，如微软的 Outlook Express、网景的 Communicator 等。

（6）电子公告栏服务

电子公告栏（Bulletin Board System，BBS）是 Internet 上的一种电子信息服务系统。它提供一块公共电子白板，每个用户都可以在上面书写，可发布信息或提出看法。BBS 按不同的主题分成很多个布告栏，使用者可以阅读他人关于某个主题的最新看法，也可以将自己的想法毫无保留地贴到公告栏中。

6.3.2　Internet 的应用

1.　网页浏览器的使用

（1）网页浏览器的定义

浏览 Internet 上的信息资源离不开网页浏览器。网页浏览器实际上是显示万维网或局域网内 Web 服务器或文件系统内的文件，并让用户与这些文件进行交互的一种软件。浏览时根据链接确定信息资源的位置，并将用户感兴趣的信息资源取回来，对 HTML 文件进行解释，显示文字、图像及其他信息。

大多数的用户使用的是微软公司提供的 IE 浏览器（Internet Explorer），近几年国内许多厂商开发了基于 Internet Explorer 内核的网页浏览器，如腾讯的 QQ 浏览器、360 安全浏览器等。随着移动互联网的发展和普及，相应的基于移动设备的网页浏览器也应运而生，如 UC 浏览器等。

（2）用 IE 浏览器浏览网页

　　浏览器的主要功能是浏览网站的信息。任何一个注册的网站都有一个网址（域名）或 IP 地址。在浏览时，一种方法是在浏览器的地址栏中直接输入要访问的网址或 IP 地址。例如，访问的主页，只需在地址栏中输入 http://yyjc.sicp.sh.cn 并按【Enter】键，如图 6-3-7 所示；另一种方法是通过相关网页中的超链接来浏览相关的页面。

图 6-3-7　网页浏览

（3）收藏网页

　　在平时浏览网页时，可以将经常访问的 Web 页面进行分类收藏，为下次再次访问该网页带来方便。在 IE 浏览器中有一个"收藏夹"菜单，不仅可以将正在浏览的网页添加到收藏夹指定文件夹中（见图 6-3-8），还可以对已收藏的网页进行整理（见图 6-3-9）。

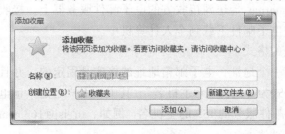

图 6-3-8　收藏网页

图 6-3-9　整理收藏夹

实际上 IE 浏览器的收藏夹对应于 Windows 7 环境下的 C:\用户目录\Favorites 文件夹，如果在数据备份时需要备份收藏夹话，可以直接备份该文件夹。

（4）保存网页中的资料

在网页浏览时，有时需要将网页中的部分资料或整个网页保存下来，以便随时浏览或使用。如果是部分文字资料，可以采用复制和粘贴的方式加以保存；如果是图片等对象，可以采用对象右键菜单中的"图片另存为"或"目标另存为"命令；如果是整个网页，可以执行"文件"→"另存为"命令，将整个页面保存在存储设备上。

2. 电子邮件的使用

电子邮件（E-mail）是 Internet 上最频繁、最广泛的应用之一。用来存储电子邮件的地点称为电子邮箱。电子邮箱实际上就是在 Internet 服务商（ISP）的电子邮件服务器上为用户开辟的一块专用的磁盘空间，用来存放用户的电子邮件文件。

（1）电子邮件的工作原理

电子邮件系统是基于客户机/服务器方式，采用存储转发的工作原理，传送过程如图 6-3-10 所示。

用户在 Internet 上收发 E-mail 时，首先将自己的邮件发送到电子邮件服务器，由此服务器负责将该邮件经过 Internet 传送到接收方的电子邮件服务器上，接收电子邮件时，只需将存放在邮件服务器上的电子邮件下载到个人计算机中。

（2）电子邮件地址的格式

每个电子邮箱都有一个地址，电子邮箱地址的格式是固定的，并且在全球范围内是唯一的。电子邮箱地址的格式为"用户名@主机名"。其中，用户名是申请电子邮箱时用户起的名字，主机名是提供电子邮件服务的 ISP 的主机名。例如，xq_jsj@163.com，用户名为"xq_jsj"，主机名为"163.com"。

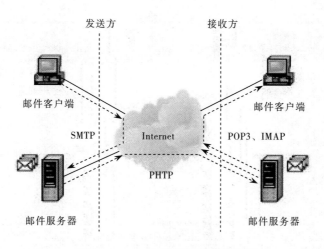

图 6-3-10 电子邮件的传递过程

（3）电子邮箱的申请

每一个要使用电子邮件的个人用户，首先要申请一个电子邮箱，一般可到提供电子邮件服务的相关网站上申请，有些是免费的，但也有一些是收费的。目前大多数的门户网站均提供电子邮件的服务，如网易、新浪、雅虎、搜狐、hotmail 等。图 6-3-11 所示是利用网易申请电子邮箱的界面。

图 6-3-11 网易电子邮件的申请

（4）电子邮件的收发

电子邮件的收发一般有两种方式：一种方式是利用网页浏览器登录提供电子邮件服务的 ISP 站点进行电子邮件收发，即 Web 方式，如图 6-3-12 所示。另一种方式是利用电子邮件客户端软件进行收发，如微软 Office 2010 中有 Microsoft Outlook、Foxmail 等，如图 6-3-13 所示。

图 6-3-12　网易电子信箱收发电子邮件界面

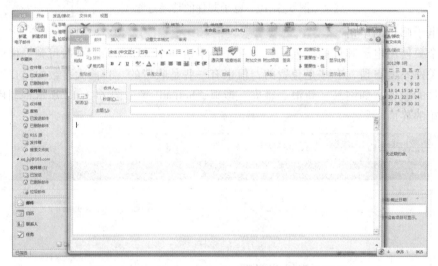

图 6-3-13　Microsoft Outlook 收发电子邮件界面

3. 搜索引擎的使用

搜索引擎是指根据一定的策略、运用特定的计算机程序从 Internet 上搜集信息，在对信息进行组织和处理后，为用户提供检索服务，将用户检索相关的信息展示给用户的系统。

搜索引擎的实质是专门提供信息查询的网站，它们大都是通过对互联网上的网站进行检索，从中提取相关信息，从而建立庞大的数据库。用户输入特定的文本（即关键字）即可查找任何所需要的资料。按照工作原理的不同，搜索引擎分为两大基本类别：全文搜索引擎和分类目录搜索引擎。而当前使用较多的是全文搜索引擎。

全文搜索引擎通过自动的方式分析网页的超链接，依靠超链接和 HTML 代码分析获取网页信息内容，并按事先设计好的规则分析整理形成索引，供用户查询。例如应用最为广泛的百度（http://www.baidu.com）就是全文搜索引擎。

4. 即时通信的使用

即时通信（IM）是指能够即时发送和接收 Internet 消息等的业务。自 1998 年面世以来，特别是近几年的迅速发展，即时通信的功能日益丰富，逐渐集成了电子邮件、博客、音乐、电视、游戏和搜索等多种功能。即时通信不再是一个单纯的聊天工具，它已经发展成集交流、资讯、娱乐、搜索、电子商务、办公协作和企业客户服务等为一体的综合化信息平台。

随着移动互联网的发展，互联网即时通信也在向移动化扩张，用户可以通过手机与其他已经安装了相应客户端软件的手机或计算机收发消息。

即时通信软件是一种基于 Internet 的即时通信软件，最初是 ICQ，也称网络寻呼机，用户可以随时跟另外一个在线网民交谈，甚至可以通过视频看到对方的适时图像。我国目前比较常见的即时通信工具如图 6-3-14 所示。

| 微信 | QQ | Skype | 百度 hi | 易信 | 来往 |

图 6-3-14　常见的即时通信工具

6.4　网络安全与防护

6.4.1　网络安全概述

1. 网络安全的定义

网络安全是指网络系统的硬件、软件及其系统中的数据受到保护，不受偶然的或者恶意的原因而遭到破坏、更改、泄露，保证系统连续可靠正常地运行和网络服务不中断。

从其本质上讲，网络安全就是要保证网络信息的安全。因为随着计算机网络的发展，信息共享日益广泛与深入，但是信息在公共通信网络上存储、共享和传输会被非法窃听、截取和篡改或毁坏而导致不可估量的损失。如果因为安全因素使得信息不敢进入互联网这样的公共网络，那么办公效率及资源的利用率都会受到影响，甚至会使人们丧失对互联网及信息高速公路的信赖。

2. 常见的网络安全威胁

在网络技术高速发展的今天，网络上信息的安全备受关注。网络系统的安全威胁主要来自黑客攻击、计算机病毒、木马、操作系统安全漏洞及网络内部的安全威胁等。

（1）黑客攻击

黑客（Hacker）其原意是指那些长时间沉迷于计算机的程序迷。现在"黑客"一词普遍的含义是指非法入侵计算机系统的人。黑客主要是利用操作系统和网络的漏洞、缺陷，获得口令，从网络的外部非法侵入，进行不法行为。

黑客攻击的手段可分为非破坏性攻击和破坏性攻击两类。非破坏性攻击一般是为了扰乱系统的运行，并不盗窃系统资料；破坏性攻击是以侵入他人计算机系统、盗窃系统保密信息、破坏目标系统的数据为目的。例如，常见的黑客攻击手段有后门程序、信息炸弹、拒绝服务（又称分布式 D.O.S 攻击）、网络监听、密码破解等。

（2）病毒攻击

病毒是能过破坏计算机系统正常运行、具有传染性的一段程序。计算机病毒种类繁多，极易传播，影响范围广。它动辄删除、修改文件，导致程序运行错误、死机，甚至毁坏硬件。

目前感染病毒的常见方式包括：从网上下载软件、运行电子邮件中的附件、通过交换磁盘来交换文件、将文件在局域网中进行复制等。病毒可能对计算机数据资源的安全构成威胁（如数据被篡改、毁坏或外泄等），是网络系统安全的巨大隐患。

（3）木马攻击

木马是一种利用计算机程序漏洞侵入后窃取文件的程序。它是一种具有隐藏性的、自发性的、可被用来进行恶意行为的程序，一般不会直接对计算机产生危害，也不会感染其他程序，而是以控制为主。

木马的传播方式主要有两种：一种是通过 E-mail，控制端将木马程序以附件的形式夹在邮件中发送出去，收信人只要打开附件系统就会感染木马；另一种是软件下载，一些非正规的网站以提供软件下载为名义，将木马捆绑在软件安装程序上，下载后，只要运行这些程序，木马就会自动安装。

（4）操作系统安全漏洞

操作系统漏洞是指计算机操作系统本身所存在的问题或技术缺陷，一般情况下任何操作系统都会存在漏洞，一部分是由于在设计时本身存在的缺陷造成的，另一部分则是由于使用不当导致的。

因系统管理不善所引发的安全漏洞主要是系统资源或账户权限设置不当。许多操作系统对权限所设定的默认值是不安全的，而管理员又没有更改默认设置，这些疏忽所引发的后果往往是灾难性的。例如，权限较低的用户一旦发现自己可以改变操作系统本身的共用程序库，就很可能立即使用这一权限，用自己的程序库替换系统中原来的库，从而在系统中为自己开一道暗门。

（5）网络内部的安全威胁

网络内部的安全威胁主要是指内部涉密人员有意无意地泄密、更改记录信息，内部非授权人员有意无意地浏览机密信息、更改网络配置和记录信息，内部人员破坏网络系统等。

网络内部安全的隐患主要有以下几种情况：首先，内部网的用户防范意识薄弱或计算机操作技能有限，导致无意中把重要的涉密信息或个人信息存放在共享目录下，造成信息泄露；其次，内部管理人员有意或者无意泄漏系统管理员的用户名、口令等关键信息，泄露内部网的网络结构以及重要信息的分布情况而遭受攻击；再次，内部人员为谋取个人私利或对公司不满，编写程序通过网络进行传播，或者故意把黑客程序放在共享资源目录做个陷阱，乘机控制并入侵内部网的其他主机。

6.4.2　网络安全技术

从应用的角度出发，网络安全技术大体包括以下几个方面：实时硬件安全技术、软件系统安全技术、数据信息安全技术、网络站点安全技术、病毒防治技术、防火墙技术。其中计算机网络安全的最核心技术是数据加密技术、病毒防治技术和防火墙技术。

1. 数据加密技术

加密是指将数据进行编码，使它成为一种不可理解的形式，这样不可理解的内容称为做密文。解密是加密的逆过程，即将密文还原成原来可理解的形式。加密和解密过程依靠两个元素，缺一不可，这就是算法和密钥。算法是一步一步的加密或解密的过程。在这个过程中需要一串数字，这个数字就是密钥。

一般的数据加密模型如图6-4-1所示，它是采用数学方法对原始信息（明文）进行再组织，使得加密后在网络上公开传输的内容对于非法接收者来说成为无意义的文字（密文），而对于合法的接收者，因为掌握正确的密钥，可以通过解密过程得到原始数据。

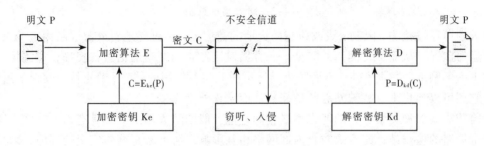

图 6-4-1　密码系统的构成

2. 病毒防治技术

计算机病毒是一种侵入程序，它可以通过插入自我复制的代码的副本感染计算机，并删除重要文件，修改系统或执行某些其他操作，从而造成对计算机上的数据或计算机本身的损害。计算机病毒一般具有以下特征：隐蔽性、欺骗性、执行性、感染性和传播性、可触发性、破坏性。因此，防范网络病毒应从两方面着手：

① 从管理上防范，对内部网与外界进行的数据交换进行有效的控制和管理；不随意复制和使用未经安全检测的软件，不要随意打开来历不明的邮件，更不要访问不知底细的网站。对于系统中的重要数据，最好不要存储在系统盘上，要随时进行备份。采取必要的病毒检测、监察措施，制定完善的管理准则。

② 从技术上防范，有选择地加载保护计算机网络安全的网络防病毒产品。及时升级和更新相关的软件，以防止病毒利用软件的漏洞进行传播；选择合适的防病毒软件对病毒进行实时监测，并及时更新防病毒软件及病毒特征库，防止新病毒的侵入；重要数据文件要定期进行备份工作，使用户数据一旦受到损伤时能及时恢复。

3. 防火墙技术

防火墙（Firewall）是一个位于内部网络与Internet之间执行访问控制策略（允许、拒绝、检测）的一系列部件的组合，包括硬件和软件。建立防火墙的目的是为内部网络或主机提供安全保护，控制谁可以从外部访问内部受保护的对象，谁可以从内部网络访问Internet，以及相互之间以哪种方式进行访问，从而达到保护网络不被他人侵扰，如图6-4-2所示。

防火墙是不同网络之间信息的唯一出口，能根据内部网络安全策略控制出入网络的信息流且本身具有较强的抗攻击的能力。同时能提供信息安全服务，实现网络的安全信息的基础设施。

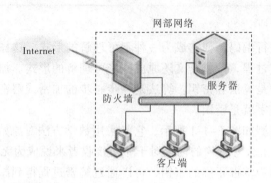

图 6-4-2　防火墙示意图

防火墙可通过检测、限制、更改跨越防火墙的数据流，尽可能地对外部屏蔽内部的信息、结构和运行状况，从而实现网络的安全。一方面对流经它的网络通信进行扫描，过滤掉一些可能攻击内部网络的数据；另一方面防火墙还可能关闭不使用的端口，禁止特定端口的通信。另外，它还可以禁止来自特殊站点的访问，从而防止外来入侵。

目前防火墙的种类繁多，功能也不尽相同，但一般的防火墙产品都具有以下功能：防火墙是安全策略的检查站；能有效防止内部网络相互影响；防火墙是网络安全的屏障；对网络存取和访问进行监控审计。

6.4.3　网络安全法律法规

法律法规是网络安全体系的重要保障，在立法工作中，网络安全不仅仅限于信息，而是涵盖所有的相关内容。因此，涉及网络安全方面的法律法规在国内外都较多，在此就一些基本的法律法规做一个简单的介绍，具体的条款和细节可以查询浏览相关的官方网站。

1. 国外的网络安全立法现状

由于计算机网络技术在全球应用的时间并不很长，另外网络技术的发展与更新又非常快，在较短时期内不可能有十分完善的法律体系。美国是计算机科技领域发展的排头兵，也是网络安全立法最早、相对较完善的国家之一。日本和欧盟为了在能正常地进行信息市场的运作和保障网络的正常运行，也较早地颁布了一系列法律法规，而其他一些发展中国家和欠发达国家则相对滞后一些，但也相继颁布了一些法律法规，但还不够完善。

（1）基于网络安全的基本法

美国于 1987 年出台了《计算机安全法》，成为美国关于计算机安全的根本大法。2002 年针对日益严重的计算机网络犯罪，颁布了《加强计算机安全法》，2006 年还颁布了《美国网页安全法》来保护网络使用者远离垃圾邮件、网络诈骗等网络违法行为。

欧盟于 1992 年颁布了《信息安全框架协议》，可以看作是欧盟第一部针对计算机信息安全的法律；日本于 2001 年颁布了《IT 基本法》，本法以法律形式对信息社会建设做出了总体安排；2000 年 1 月韩国修订了《信息通信网络利用促进法》，明确了对"信息网络标准化"的规定。其他一些国家也相继就信息网络的安全颁布了一系列基本的法律法规。

（2）加强数据保护

20 世纪 90 年代开始，英国颁布了一系列计算机网络安全方面的法律，尤其是旨在加强数据保护的《数据保护权法》。1996 年 12 月，世界知识产权组织在两个版本条约中，做出了禁止擅自破解他人用数字化技术保护措施的规定。此规定并不是保障版权人的一项权利，而是作为保障网络安全的一项内容去规范的。至今，美国、欧盟和日本等大多数国家都将它作为一种网络安全保护，规定在本国的法律中。

（3）国际合作打击网络犯罪

20世纪90年代以来，针对利用计算机网络从事犯罪的数量越来越多，尤其是跨国犯罪的案例呈现增长趋势，因此到90年代末，各国在这方面的国际合作开始增加。

欧盟于1992年颁布了《信息安全框架协议》，此后欧盟签署了一系列协议以保障计算机信息安全，如《打击计算机犯罪协定共同宣言》《打击信息系统犯罪的框架决议》《建立欧洲网络和信息安全机构的规则》等。在2000年初和年底两次颁布了《网络刑事公约》（草案），该草案至今已有包括美国和日本在内的43个国家表示了兴趣。

（4）与电子商务有关的法律法规

随着计算机网络的普及和电子商务的兴起，1996年12月16日联合国国际贸易法委员会第85次全体大会通过了《电子商务示范法》，这部示范法对于网络市场中的数据电文、网上合同成立及生效条件、运输等专项领域的电子商务等，都做出了十分具体的规定。各个国家根据此示范法纷纷制定了适合本国的相关法律，1998年7月新加坡出台了《电子交易法》。

（5）行业组织的自律和道德规范

无论是发达国家还是发展中国家，在规范和管理网络安全方面，各个行业和民间组织都起到了一定的作用。比如在英国、澳大利亚、德国等国家，在一些单位中对于使用网络都有严格的"行业规范"，尤其是学校。澳大利亚要求教师填写一份保证书，申明不下载违法内容，在德国使用联网计算机时校方有规定禁止的行为。有些大学还订立了要求师生严格遵守的《关于数据处理与信息技术设备使用管理办法》等。

2. 我国的网络安全立法现状

我国对计算机网络的立法工作也是一直非常重视，从20世纪90年代开始，为配合网络信息安全管理的需要，国家、相关部门、行业和地方政府相继制定了多部关于计算机网络安全的法律、法规及行政规章。

我国网络安全法律法规的立法框架分为以下三个层面：

（1）法律

我国与信息网络安全相关的法律主要包含：《宪法》《刑法》《人民警察法》《治安管理处罚条例》《刑事诉讼法》《国家安全法》《保守国家秘密法》《行政处罚法》《行政诉讼法》《行政复议法》《国家赔偿法》《立法法》《人大常委会关于维护互联网安全的决定》《电子签名法》等。

（2）行政法规

与信息网络安全有关的行政法规主要有《中华人民共和国计算机信息系统安全保护条例》《中华人民共和国计算机信息网络国际联网管理暂行规定》《计算机信息网络国际联网安全保护管理办法》《商业密码管理条例》《中华人民共和国电信条例》《计算机信息网络国际联网管理暂行规定》《互联网信息服务管理办法》《计算机软件保护条例》《计算机病毒防治管理办法》《互联网电子公告服务管理规定》《软件产品管理办法》《电信网间互联管理暂行规定》《中国互联网络域名管理办法》等。

（3）各部委和地方性法规

各部委和地方性法规指的是国务院各部委根据法律和行政法规，在本部门的权限范围内制定的法律法规，以及省、自治区、直辖市和较大的市人民政府根据相关法律法规和结合本省、自治区、直辖市的地方性法规而制定。

知识拓展：第四代移动通信

第四代移动通信是随着数据通信与多媒体业务需求的发展，为了适应移动数据、移动计算及移动多媒体运作需要而兴起的。第四代移动通信技术（the 4 Generation Mobile Communication Technology，4G）集 3G 与 WLAN 于一体，并能够快速传输数据、高质量、音频、视频和图像等。4G 能够以 100 Mbit/s 上的速度下载，并能满足几乎所有用户对于无线服务的要求。

1. 核心技术

（1）正交频分复用技术（OFDM）

OFDM 一种无线环境下的高速传输技术，其主要思想就是在频域内将给定信道分成许多正交子信道，在每个子信道上使用一个子载波进行调制，各子载波并行传输。

（2）调制与编码技术

4G 移动通信系统采用新的调制技术，如多载波正交频分复用调制技术以及单载波自适应均衡技术等调制方式，以保证频谱利用率和延长用户终端电池的寿命。

（3）高性能的接收机

4G 移动通信系统对接收机性能提出了更高的要求。Shannon 定理给出了在带宽为 BW 的信道中实现容量为 C 的可靠传输所需要的最小 SNR（信噪比）。

（4）智能天线技术

智能天线具有抑制信号干扰、自动跟踪以及数字波束调节等智能功能，这种技术既能改善信号质量、增加传输容量，又能消除或抑制干扰信号。

（5）多入多出技术（MIMO）

MIMO 利用多发射、多接收天线进行空间分集的技术，采用的是分立式多天线，能够有效地将通信链路分解成为许多并行的子信道，能充分利用空间资源，从而改善通信质量和容量。

（6）软件无线电技术

软件无线电是将标准化、模块化的硬件功能单元经过一个通用硬件平台，利用软件加载方式来实现各种类型的无线电通信系统的一种具有开放式结构的新技术。

（7）基于 IP 的核心网

移动通信系统的核心网是一个基于全 IP 的网络，与已有的移动网络相比具有根本性的优点，即可以实现不同网络间的无缝互联。

（8）多用户检测技术

多用户检测技术充分利用造成多址干扰的所有用户信号信息对单个用户的信号进行检测，从而具有优良的抗干扰性能，解决了远近效应问题，降低了系统对功率控制精度的要求，因此可以更加有效地利用链路频谱资源，显著提高系统容量。

2. 网络结构

4G 移动系统网络结构可分为三层：物理网络层、中间环境层、应用网络层。物理网络层提供接入和路由选择功能，它们由无线和核心网的结合格式完成。中间环境层的功能有 QoS 映射、地址变换和完全性管理等。

物理网络层与中间环境层及其应用环境之间的接口是开放的，它使发展和提供新的应用及服务变得更为容易，提供无缝高数据率的无线服务，并运行于多个频带。

3. 4G 特点

优势：通信速度快、网络频谱宽、通信灵活、智能性能高、兼容性好、提供增值服务、高质量通信、频率效率高、费用便宜等。

缺陷：标准多、技术难、网络架构复杂、容量受限、市场难以消化、设施更新慢等。

4. 4G 牌照

2013 年 12 月 4 日下午，工业和信息化部向中国移动、中国电信、中国联通正式发放了第四代移动通信业务牌照（即 4G 牌照），中国移动、中国电信、中国联通三家均获得 TD-LTE 牌照，此举标志着中国电信产业正式进入了 4G 时代。

有关部门对 TD-LTE 频谱规划使用做了详细说明：中国移动获得 130 MHz 频谱资源，分别为 1880–1900 MHz、2320–2370 MHz、2575–2635 MHz；中国联通获得 40 MHz 频谱资源，分别为 2300–2320 MHz、2555–2575 MHz；中国电信获得 40 MHz 频谱资源，分别为 2370–2390 MHz、2635–2655 MHz。

本 章 小 结

本章主要围绕数据通信和网络技术展开了介绍，包括数据通信的一些术语、传输介质和技术指标，以及计算机网络的含义、网络的各项协议和局域网的相关知识。另外对于 Internet 的发展、接入方式、服务，尤其是 Internet 的各项应用做了简要介绍。对于现阶段比较重视的网络安全的威胁和相关安全技术，特别是国内外有关的网络安全方面的法律法规也进行了简单的介绍。

本章的目的是要求学生了解并理解一些有关数据通信和网络技术方面的相关知识，了解 Internet 的发展历史，理解并掌握 Internet 的接入技术和应用，以及网络安全方面的相关知识点，尤其是了解网络安全方面国内外的立法情况，增强网络安全的意识。

本 章 习 题

一、单选题

1. 数据信号需要通过某种通信线路来传输，这个传输信号的通路叫_____。

    A. 总线   B. 光纤   C. 信道   D. 频道

2. 信道按传输信号的类型来分，可分为_____。

    A. 模拟信道和数字信道   B. 物理信道和逻辑信道

    C. 有线信道和无线信道   D. 专用信道和公共交换信道

3. 数据通信的系统模型由_____三部分组成。

    A. 数据、通信设备和计算机

    B. 数据源、数据通信网和数据宿

    C. 发送设备、同轴电缆和接收设备

    D. 计算机、连接电缆和网络设备

4. 有线传输介质中传输速度最快的是_____。

    A. 电话线　　　　　B. 网络线　　　　　C. 红外线　　　　　D. 光纤

5. _____不是数据通信的主要技术指标。

    A. 可靠性　　　　　B. 传输速率　　　　　C. 存储周期　　　　　D. 差错率

6. 数字信号传输时，传输速率 bit/s 是指_____。

    A. 每秒传输字节数　　　　　　　　B. 每秒传输的位数

    C. 每秒传输的字数　　　　　　　　D. 每分钟传输的字节数

7. 模拟信道带宽的基本单位是_____。

    A. bpm　　　　　B. bps　　　　　C. Hz　　　　　D. ppm

8. 一个学校的计算机网络系统，属于_____。

    A. TAN　　　　　B. LAN　　　　　C. MAN　　　　　D. WAN

9. 用一台交换机作为中心结点把几台计算机连接成网，则此网络的物理结构是_____。

    A. 总线连接　　　　　B. 星状连接　　　　　C. 环状连接　　　　　D. 网状连接

10. _____协议是当前互联网上使用最广泛的协议，主要包括传输控制协议和网际协议。

    A. 以太网　　　　　B. TCP/IP　　　　　C. 蓝牙　　　　　D. ISO 协议

11. 在 OSI 七层结构模型中，处于数据链路层与传送层之间的是_____。

    A. 物理层　　　　　B. 网络层　　　　　C. 会话层　　　　　D. 表示层

12. TCP/IP 参考模型是一个用于描述_____的网络模型。

    A. 互联网体系结构　　　　　　　　B. 局域网体系结构

    C. 广域网体系结构　　　　　　　　D. 城域网体系结构

13. FTP 协议是一个用于_____的协议。

    A. 文件传输　　　　　B. 分配地址　　　　　C. 地址转换　　　　　D. 协议转换

14. 以下_____协议不是应用层协议。

    A. Telnet　　　　　B. IP　　　　　C. FTP　　　　　D. Smtp

15. 以下关于 DNS 的正确说法是_____

    A. DNS 是浏览互联网所必需的

    B. DNS 是 WWW 服务器中的一种

    C. DNS 是域名服务器，用于将域名地址映射到 IP 地址

    D. DNS 是 FTP 服务器的一种

16. 关于因特网中主机的 IP 地址,下列叙述错误的是_____ 。

    A. IP 地址是由用户自己决定的

    B. 每台主机至少有一个 IP 地址

C. 主机的 IP 地址必须是唯一的

D. 一个 IPv4 地址由 32 位二进制数构成

17. 以下 IP 地址中，属于 B 类地址的是_____。

    A. 112.213.12.23　　　　　　　　　B. 210.123.23.12

    C. 23.123.213.23　　　　　　　　　　D. 156.123.32.12

18. 用于定位 Internet 上各类资源所在位置的是_____。

    A. Ethernet　　　　B. Telnet　　　　C. HTML　　　　D. URL

19. _____不是决定局域网特性的主要技术要素。

    A. 网络拓扑　　　　　　　　　　　　B. 介质访问控制方法

    C. 传输介质　　　　　　　　　　　　D. 域名系统

20. 不属于局域网网络拓扑的是_____。

    A. 总线　　　　　　B. 星状　　　　　C. 复杂型　　　　D. 环状

21. 计算机网络中可以共享的资源包括_____。

    A. 硬件、软件、数据、通信信道　　　B. 主机、外设、软件、通信信道

    C. 硬件、程序、数据、通信信道　　　D. 主机、程序、数据、通信信道

22. 中继器的作用就是将信号_____，使其传播得更远。

    A. 整形放大　　　　B. 压缩　　　　　C. 缩小　　　　　D. 滤波

23. 以下不属于 CSMA/CD 功能的是_____。

    A. 多路访问　　　　B. 载波监听　　　C. 冲突检测　　　D. 令牌传递

24. _____的传输带宽最高。

    A. 光纤接入　　　　B. Cable Modem　　C. ADSL　　　　　D. 电话拨号

25. 关于无线网络设置，下列说法正确的是_____。

    A. SSID 是无线网卡的厂商名称

    B. AP 是路由器的简称

    C. 无线安全设置是为了保护路由器的物理安全

    D. 家用无线路由器往往是 AP 和宽带路由器二合一的产品

26. 如果使用 IE 上网浏览网站信息，所使用的是互联网的_____服务。

    A. FTP　　　　　　B. Telnet　　　　C. 电子邮件　　　D. WWW

27. 以下_____属于全文搜索引擎。

    A. 百度　　　　　　B. 搜狐　　　　　C. 雅虎　　　　　D. 网易

28. 电子邮件地址由"用户名@"和_____组成。

    A. 网络服务器名　　B. 邮件服务器域名　C. 本地服务器名　D. 邮件名

29. 以下属于文件传输的互联网服务是_____。

    A. FTP　　　　　　B. Telnet　　　　C. 电子邮件　　　D. WWW

30. 关于防火墙，下列说法中正确的是_____。

    A. 防火墙主要是为了查杀内部网之中的病毒

    B. 防火墙可将未被授权的用户阻挡在内部网之外

    C. 防火墙主要是指机房出现火情时报警

    D. 防火墙能够杜绝各类网络安全隐患

二、填空题

1. 计算机技术和_____相结合形成了计算机网络技术。

2. 按信号在传输过程中的表现形式可以把信号分为_____信号和数字信号。

3. 从逻辑功能上分，可把计算机网络分为_____和通信子网。

4. 计算机网络按地理范围可分为三大类：_____、城域网和广域网。

5. 在计算机网络中，使用术语_____来表示为了数据交换而建立的规定、规范、标准或约定。

6. 在OSI七层结构模型中，最底层是_____。

7. 局域网按其工作模式来分，主要有_____模式和客户机/服务器（C/S）模式。

8. IP地址192.168.0.1属于_____类地址。

9. 在网址上以http为前导，这表示遵循_____协议。

10. WWW（World Wide Web）简称W3，有时也称Web，中文译名为_____。

第7章

→ 网页设计

随着信息技术的迅速发展，互联网作为第四大媒体使全球信息共享成为现实，面对这股网络浪潮，每一个社会单元——个人、企事业单位、政府机关纷纷建立网站来宣传自己的形象，相互交流信息。网页作为网络的表现形式之一，综合了多方面的知识，是多种元素的有机结合，体现了企业文化和设计者的思想，向浏览者进行视觉传达和信息传递。

Dreamweaver 是目前比较优秀的可视化网页设计制作工具和网站管理工具之一，其支持最新的 Web 技术，将"所见即所得"的网页设计方式与源代码编辑完美结合，在网页设计制作领域应用非常广泛。

7.1　网页设计的基本概念

7.1.1　网站与网页介绍

网页是使用者能从浏览器中看到的每一个页面，也是组成整个全球信息网的基本组件。而网站是各种网页的集合。

1. 网站

网站（Website）是指在因特网上根据一定的规则使用 HTML 等工具制作的用于展示特定内容的各种各样相关网页的集合。简单地说，网站是一种通信工具，就像布告栏一样，人们可以通过网站来发布（或浏览）想要公开的信息，或者利用网站提供相关的网络服务。

现在许多公司都拥有自己的网站，他们利用网站进行宣传、产品信息发布和招聘等。图 7-1-1 所示即为驴妈妈旅游网的首页。

2. 网页

网页（Web page）实际上是一个文件，存放在世界某个角落的某一台计算机中，而这台计算机必须是与互联网相连的。网页经由网址（URL）来识别与访问，当用户在浏览器地址栏中输入网址之后，经过一段复杂而又快速的程序运作，网页文件就会被传送到用户的计算机中，再通过浏览器解释网页的内容，最终展示到用户的眼前。

按网页的表现形式可将网页分为静态网页和动态网页。

静态网页是指没有后台数据库、不含程序和不可交互的网页。用户编什么它就显示什么，不会有任何改变。静态网页的文件通常以 .htm、.html、.shtml、.xml 等为扩展名。静态网页的优点是便于搜索，缺点是更新起来工作量大、交互性较差，在功能上有很大的限制。

动态网页是以数据库技术为基础，可以大大减少网站维护的工作量。动态网页是通过执行 ASP、PHP、JSP 等程序生成客户端网页代码的网页，通常可通过网站后台管理系统对网站的内容进行更新和管理，如用户注册、登录、发布新闻、发布公司产品、交流互动、网上调查等，都是动态网站功能的一些具体表现。

图 7-1-1　驴妈妈旅游网的首页

3. 主页

主页（Home Page）也被称为首页，它是整个网站的主索引页，当打开某个网站时显示的就是该网站的主页。例如，当用户输入网易网站地址 www.163.com 并按【Enter】键后出现的页面就是网易网站的首页。主页的名称是特定的，一般为 index.htm、index.html、default.htm、default.html、default.asp 或 index.asp 等。

网站、网页和主页是三个功能不同但又紧密联系的概念，一个网站由多个网页元素构成，若干个网页又通过主页链接成一个完整的网站系统。

7.1.2　网页设计语言

HTML（Hyper Text Markup Language，超文本置标语言）是用来描述 WWW 上超文本文件的语言，HTML 文件可对多平台兼容，通过网页浏览器能够在任何平台上阅读。

HTML 能够将 Internet 中的文字、声音、图像、动画和视频等媒体文件有机地组织起来，最终向用户展现出五彩缤纷的页面。此外，它还可以接收用户信息，与数据库相连，实现用户的查询请求等交互功能。

1. HTML 语言的组成

HTML 文档由 HTML、HEAD 和 BODY 三大标签构成。

<HTML></HTML>是最外层的标签，其中<HTML>一方面表示文档的开始，另一方面表示该文档用超文本置标语言 HTML 编写，即浏览器从<HTML>开始解释，</HTML>表示文档结束。

<HEAD ></HEAD >是文件头部标签，即文档头，包含对文档基本信息（包含文档标题、

文档搜索关键字、文档生成器等属性）描述的标记。

<BODY></BODY>是正文标签，用于定义一个 HTML 文档的主体部分，包含对网页元素（文本、表格、图片、动画和链接等）描述的标记。

例如，创建一个简单的网页文件"welcome.html"，网页内容为"上海工商职业技术学院欢迎您！"

① 用"记事本"程序编写 welcome.html 文件，输入图 7-1-2 所示的代码。

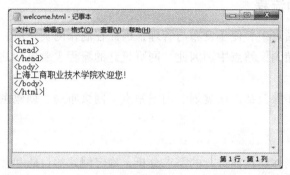

图 7-1-2　HTML 代码

② 用 IE 浏览器打开 welcome.html 文件，得到的效果如图 7-1-3 所示。

图 7-1-3　IE 浏览的效果

2. HTML 语法

HTML 语法由标签（Tags）和属性（Attributes）组成。标签又称标记符，HTML 是影响网页内容显示格式的标签集合，浏览器主要根据标签来决定网页的实际显示效果。在 HTML 中，所有的标签都用尖括号括起来。

标签可分为单标签和双标签两种类型。

① 单标签：单标签的形式为<标签属性=参数>，最常见的如强制换行标签
、分隔线标签<HR>、插入文本框标签<INPUT>。

② 双标签：双标签的形式为<标签属性=参数>对象</标签>，如定义"计算机基础"五个字大小为 5 号，颜色为红色的标签为"<font size=5 color=red>计算机基础</font>"。

需要说明的是：在 HTML 语言中大多数是双标签的形式。

当然，对于初学者来说只需要简单的了解即可，其实在 Dreamweaver 标签库中可以很方便地帮助用户找到所需的标签，并根据列出的属性参数使用它。

3. HTML 文件的编写

HTML 文件本质上是文本文件，因此其编写的方法主要有两种：一种是利用记事本程序直接输入 HTML 代码，保存时将文件扩展名改为 ".htm" 或 ".html"；另一种方法则可以利用网页制作工具（如 Dreamweaver、FrontPage 等软件）进行可视化的页面设计或在代码窗口中输入代码并保存。

7.1.3　网站设计的流程

网页通常放置在站点中，便于发布与管理，因此在制作网页之前，先要建立站点，然后将后续制作的网页存储到该站点中。因此，网页设计的流程主要包括站点设计和网页制作两大部分。

网站设计的基本步骤包括网站规划、创建站点、网页布局、创建主页和其他页面、添加网页元素等。

1. 网站规划

网站规划是指在网站建设前进行的需求分析，确定网站的目的和功能，并根据需要对网站建设中的技术、内容、费用、测试、维护等做出规划，明确网站的主题、网站名称、栏目设置、整体风格、所需要的功能及实现的方法等。因此说，网站规划对网站建设起计划和指导的作用，对网站的内容和维护起定位作用。

2. 创建站点

制作网页的最终目的是在网上建立一个信息的集合体——网站。虽然网站是由多个网页组成的，但不是将若干个网页简单地组合，而是用超链接方式组成的既有鲜明风格又有完整内容的有机整体。

从磁盘存储的角度看，网站的站点其实就是磁盘上的一个文件夹。网站所对应的文件夹称为根文件夹，其他栏目或素材所对应的是根文件夹下的各个子文件夹。网站中的所有页面和页面中嵌入的素材（如图像、动画、视频等）都存储在相应的文件夹中，其中主页文件必须存储在根文件夹中。

3. 网页的布局

网页的页面布局是网页设计最基本、最重要的工作之一。因此在网页设计与制作时，要重点考虑页面的整体布局，进行合理的布局排版，让页面中的各种对象能美观、合理地呈现，从而增强网站的吸引力。

网页布局的原则需遵循三个原则：主次分明、中心突出；大小搭配、相互呼应；图文并茂、相得益彰。布局的技术一般有表格布局、框架布局和层叠样式表三种。

4. 创建主页和其他页面

主页是使用者访问该站点所看到的第一个页面，因此，站点创建后，在事先规划的基础上便可创建该站点的主页。主页的设计决定了整个网站的风格，在设计时不仅需要定义主页的标题信息和网页的属性，还要明确主页的基本功能、主要内容、栏目导航等。主页创建好以后，便可创建其他页面，通过超链接将主页和其他的页面有机地组合在一起。

5. 添加网页元素

无论是主页还是其他页面，都包含网页的一些基本元素，如文本、图像、动画、音视频、超链接等。

① 文本：是网页的最基本元素，文本可以直接输入，也可以从其他文档中复制或导入得到。

② 图像：也是网页中不可缺少的内容之一。一方面图像可以美化页面，吸引浏览者的注意力；另一方面图像也是网页中需要呈现的内容。网页中常见的图像格式有 JPEG、GIF 和 PNG 三种。

③ 动画等多媒体元素：为了使网页内容更具吸引力，往往可以在网页中插入各种多媒体对象，如 Flash 动画、FLV 视频、背景音乐等。但是网页中过多地嵌入多媒体元素会影响网页浏览时的下载速度。

④ 超链接：是指页面对象之间的链接关系。链接能够确定各网页相互之间的导航关系，能合理、协调地把网站中的各个页面和元素通过超链接构成一个整体。超链接可以是文字链接、图像链接、E-mail 链接、锚点连接和热点链接等。

7.2　Dreamweaver 的使用

Dreamweaver 是一款由 Adobe 公司推出的专业可视化网页制作软件，采用多种先进技术，能快速而高效地制作出内容丰富且样式精美的网页。它是集网页制作、代码开发、网站创建和管理于一体的所见即所得式网页编辑工具，由于其简单易用的特点，赢得了广大用户的喜爱。

7.2.1　Dreamweaver 界面

Dreamweaver 的界面简洁而高效，集成度高，提供了众多功能强大的可视化设计工具，应用程序开发环境以及代码编辑支持，使用户能够快捷地创建代码规范的应用程序。

启动 Dreamweaver 后，即可进入 Dreamweaver 界面，此时显示的界面为起始界面，如图 7-2-1 所示。

在起始页中包括了最近使用过的文档和新建文档的功能，通过起始页可以方便地打开最近使用的文档或创建新文档，也可以了解更多的关于 Dreamweaver 的相关信息。

当打开一个文档或新建一个文档后，即进入 Dreamweaver 的工作窗口，窗口主要包括菜单栏、插入工具栏、文档编辑区、属性面板和各类面板组，如图 7-2-2 所示。

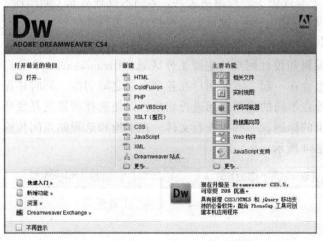

图 7-2-1　Dreamweaver 界面起始页

1. 菜单栏

Dreamweaver 菜单栏中包括 10 项主菜单：文件、编辑、查看、插入、格式、命令、站点、窗口和帮助。网页制作中所用到的所有功能都包含在菜单中。

图 7-2-2　Dreamweaver 工作窗口

2. 插入工具栏

Dreamweaver 的"插入"工具栏有两种显示模式，即工具栏模式和面板模式，图 7-2-2 中显示的是面板模式，如果将"插入"面板拖至菜单栏下方即可变成工具栏模式，如图 7-2-3 所示。

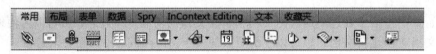

图 7-2-3　"插入"工具栏

"插入"工具栏主要提供了一些基本工具，如插入各种对象（如图像、表格、超链接等）、对页面进行布局、设计表单、Spry 验证、文本格式化等操作。

3. 文档编辑区

文档编辑区是编辑和设计网页的主要工作区域。Dreamweaver 不仅提供了多文档的编辑界面，将多个文档整合在一起，方便用户在各个文档之间切换，同时还提供了"文档"工具栏，便于用户方便地在不同的视图之间进行切换，以便选择所需的开发环境。此外，"文档"工具栏还提供了网页的标题、一些与查看文件、在本地和远程站点间传输文档有关的常用命令和选项，如图 7-2-4 所示。

图 7-2-4　"文档"工具栏

4. "属性"面板

"属性"面板位于操作界面的底部，主要用于编辑和查看页面中各对象的属性设置。选择网页中的不同对象，"属性"面板就会显示该对象的当前属性。

由于传统的HTML所提供的样式及排版功能有限，现在一些复杂的网页版面主要依靠CSS样式来实现。因此，Dreamweaver在"属性面板"中提供了"HTML"和"CSS"两种类型的属性设置。单击"CSS"按钮时，"属性"面板中显示目标规则、字体、大小等属性，这些属性设置后会自动建立一个CSS样式，以便下次直接套用所见的样式，如图7-2-5和图7-2-6所示。

图 7-2-5 "属性"面板中的"HTML"设置

图 7-2-6 "属性"面板中的"CSS"设置

5. 各类面板组

面板是提供某类功能命令的组合，通过面板可以快速完成目标的相关操作。Dreamweaver 有很多个面板，一般可以根据需要利用"窗口"菜单中的对应命令来打开或关闭相关的面板。一些相关面板组合形成面板组，如"文件"和"资源"形成了一个面板组，如图7-2-7所示，其中"文件"面板是一个重要的面板，以树状结构来显示和管理站点文件夹中的文件和文件夹。

图 7-2-7 面板组

7.2.2 站点的建立和管理

在 Dreamweaver 中，"站点"实际上是一个文件夹，用于存放网站中的所有页面文件和素材文件，同时便于用户对站点进行发布、维护和管理。

因此，要制作一个网站，首先要在本地磁盘上建立一个文件夹，用来存储网站中的所有文件，然后将这个文件夹（网站）上传到 Web 服务器上。网站文件夹一般有三种：本地文件夹、远程文件夹和测试服务器文件夹。

本地站点是存放网站内容的集合体，网站的内容都分门别类地存放在各类文件夹中。因此在站点建立时，一般事先根据网站的规划在本地磁盘上建立相应的根文件夹和各个子文件夹。

如本例中，可以事先在 D 盘上建立一个 webroot 的文件夹，作为该网站的根文件夹，然后在 webroot 文件夹中分别建立三个子文件夹：images、flash、css，其中 images 文件夹用来存放网页中涉及的图像文件，flash 文件夹用来存放网页中的动画文件，css 文件夹用来存放样式表文件。

1. 站点的建立

在使用 Dreamweaver 开发网页之前，要先建立本地站点，并设置本地站点的相关信息。

选择"站点"→"新建站点"命令，弹出"站点定义"对话框，选择"高级"选项卡，如图 7-2-8 所示。

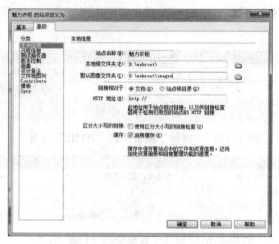

图 7-2-8　定义本地站点

① 在"分类"列表框中选择"本地信息"。

② 在"站点名称"框中输入站点标识名称，如魅力衣柜。

③ 在"本地根文件夹"框中通过"文件浏览"按钮选择所建站点对应的文件夹。如果需要的文件夹事先未建立，则可在"选择站点"对话框中利用右键菜单来创建新的文件夹。

④ 在"默认图像文件夹"框中通过"文件浏览"按钮选择站点根文件夹下存放图像的子文件夹。

完成站点定义后，在"文件"面板中可看到所创建的站点，如图 7-2-9 所示。

2. 站点的管理

创建好本地站点后，可以随时通过"站点"→"站点管理"命令对站点的属性进行设置和修改，如图 7-2-10 所示。

图 7-2-9　"文件"面板

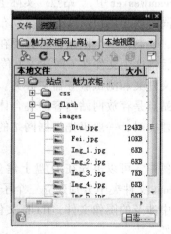

图 7-2-10　"管理站点"对话框

7.2.3 基本网页的制作

网站的功能和效果是以网页的形式呈现出来的，网页的设计直接影响用户的满意度。所以创建一个布局合理、内容充实、外观精美、浏览方便的网页是非常重要的。本节以制作图 7-2-11 所示的网页为例，介绍使用 Dreamweaver 制作基本的网页。

图 7-2-11 "魅力衣柜"主页

1. 网页的建立

可以在 Dreamweaver 启动界面起始页中选择新建列表中的"HTML"项，或使用"文件"→"新建"命令，弹出"新建文档"对话框（见图 7-2-12），选择"空白页"列表中的"HTML"选项，然后单击"创建"按钮，即可新建一个未命名的空白网页，然后将该空白网页保存到站点文件夹中。例如在本例中将该空白页面以 index.html 保存到 d:\webroot 文件夹中。

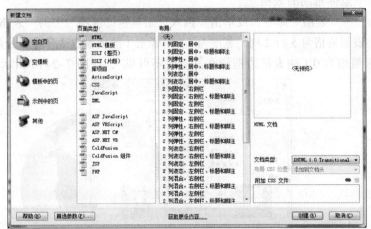

图 7-2-12 "新建文档"对话框

2. 页面属性的设置

页面属性设置是用来确定页面的整体风格，如页面标题、背景、文本格式、超链接等。设置方法：选择"修改"→"页面属性"命令，或单击"属性"面板上的"页面属性"

按钮等方法，打开"页面属性"对话框，如图7-2-13所示。

图7-2-13　"页面属性"对话框

①"外观"：用于设置页面的字体、大小、文本颜色和背景颜色、背景图像，以及边距等。

②"链接"：用于设置链接文字的字体、大小和各类链接的颜色，以及下画线样式。

③"标题"：用于设置文本的标题样式。

④"标题/编码"：用于设置页面的标题文字和编码方式。其中标题文字在网页浏览时将会显示在浏览器的标题栏中，如本例中将页面的标题设置为"魅力衣柜"，编码选择"简体中文（GB2312）"。

说明：网页的标题文字也可以在编辑区"文档"工具栏的"标题"文本框中直接输入。

3. 网页的表格布局

网页设计中，如何在页面中合理安排各个网页元素，使其具有和谐的比例和一定艺术效果，因此网页布局设计的重要性就显而易见。网页布局的方法很多，如表格布局、框架布局、CSS布局等，但最基本的方式是利用表格进行网页布局。在本例中使用表格布局，具体步骤如下：

（1）插入一个总体布局的表格

选择"插入"→"表格"命令，或单击"插入"工具栏"常用"中的"表格"按钮，弹出"表格"对话框。设置表格为5行2列，宽度为1 000像素（此项参数适合显示分辨率为1 024×768像素），边框粗细为0（使表格边框线在浏览时不可见），如图7-2-14所示。

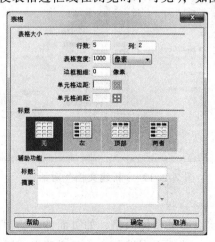

图7-2-14　"表格"对话框

（2）设置表格属性

选择插入的表格，利用"表格"属性面板来设置表格的属性。如图 7-2-15 所示，在"对齐"下拉列表中选择"居中对齐"选项，使得整个表格定位于页面水平中央。

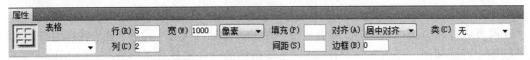

图 7-2-15 表格的"属性"面板

（3）插入嵌套表格

表格之中还有表格，即为嵌套表格。网页的排版有时会很复杂，在外部需要一个表格来控制总体布局，如果内部排版的细节也通过总表格来实现，容易引起行高列宽等的冲突，给表格的布局带来困难。引入嵌套表格，可以由总表格负责整体排版，由嵌套的表格负责各个子栏目的排版，并插入到总表格的相应位置中，各司其职，互不冲突。

此处在表格的第 4 行左侧单元格中插入一个 3 行 1 列的表格，在第 4 行右侧单元格中插入一个 4 行 5 列的表格，表格宽度均为 100%，如图 7-2-16 所示。

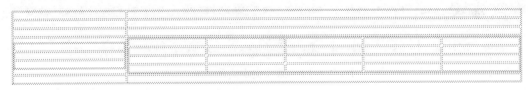

图 7-2-16 嵌套表格

（4）单元格编辑和属性设置

单元格属性的设置主要通过"单元格"的属性面板来完成，如图 7-2-17 所示。

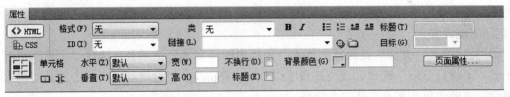

图 7-2-17 单元格的"属性"面板

①"合并单元格"：分别选中总体表格第 2、3、5 行中两个单元格，然后单击单元格"属性"面板左下角的"合并单元格"按钮。然后将总体表格第 4 行右侧嵌套表格的第 1、4 行也进行合并单元格。

②"拆分单元格"：将插入点定位在总体表格第 1 行右侧的单元格，然后单击单元格"属性"面板左下角的"拆分单元格"按钮，在弹出对话框中选择 2 列。

③"背景颜色"：将光标停留在总体表格的第 4 行中，然后单击单元格"属性"面板右边的"背景颜色"按钮，选择灰色（#CCCCCC），效果如图 7-2-18 所示。

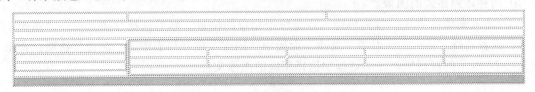

图 7-2-18 单元格编辑和属性设置

4. 插入和编辑网页对象

网页中除了可以包含文本、表格以外，还能包含各类多媒体对象，如图像、声音、动画、视频等。

（1）文本

在网页中可以直接插入文本，或者通过粘贴的方法插入文本。另外，对于特殊的符号（如水平线等）可以利用"插入"→"HTML"子菜单中的命令来插入。

文本属性的设置可利用"属性"面板中的"HTML"和"CSS"两种类型的属性来设置文本的字体、字号、样式、对齐方式、颜色等。本例中在相应的单元格中输入文本，并利用"属性"面板设置文本格式。

利用"插入"→"HTML"子菜单中的相关命令在表格第 3 行中插入水平线，在"版权所有"文字后面插入"版权符©"，如图 7-2-19 所示。

图 7-2-19　插入文本后的效果

提示： 在默认情况下，Dreamweaver 只允许设计者输入一个空格，要输入连续多个空格则需要事先进行设置或通过特定的操作才能实现。

① 设置"首选参数"：选择"编辑"→"首选参数"命令，在弹出的对话框中选择左侧分类中的"常规"选项，在右侧"编辑选项"中选择"允许多个连续的空格"复选框，单击"确定"完成设置。

② 特定操作：方法一是选择"插入"面板中的"文本"选项卡，选择"字符"展开列表中的"不换行空格"选项，或直接按【Ctrl+Shift+Space】组合键。另一个方法是将输入法转换到中文的全角状态下直接输入空格。

（2）图像

图像在网页中的作用是非常重要的。一方面网页发布的信息除了包含文字外，还要包含各种赏心悦目的图像来吸引浏览者的注意；另一方面在网页中恰当地运用图像可起到美化页面、突出主题，提高访问率的作用。因此对于网站设计者来说，掌握网页中图像的使用技巧是非常必要的。

网页中通常使用的图像文件有 JPEG、GIF、PNG 三种格式，但有些浏览器只支持 JPEG 和 GIF 两种图像格式。要保证浏览者下载网页的速度，一般网页设计者比较多的选择 JPEG 和 GIF 两种压缩格式的图像。

① 插入图像的方法：首先将插入点定位于相应的位置，然后选择"插入"→"图像"命令，或者选择"插入"工具栏"常用"面板中"图像"展开列表中的"图像"选项，弹出图 7-2-20 所示的对话框，在对话框中选择相应的图像文件。

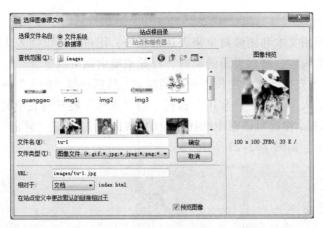

图 7-2-20 "选择图像源文件"对话框

按照图 7-2-11 所示在相应的单元格中插入图像,适当调整图像的大小,效果如图 7-2-21 所示。

图 7-2-21 插入图像后的效果

② 图像属性的设置:插入并选择图像后,在"属性"面板中就显示了该图像的属性,如图 7-2-22 所示。利用"属性"面板,可以设置图像的显示大小、源文件位置、图像的编辑、裁剪、锐化、亮度和对比度、链接、替换文本、对齐方式等属性。

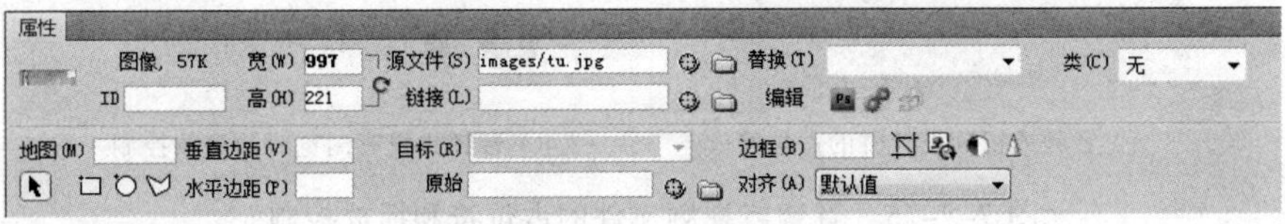

图 7-2-22 图像"属性"面板

注意: 在页面中要插入的图像文件必须存储在当前站点文件夹中,最好有一个专门用来存放图像的文件夹 (如\webroot\images 文件夹),否则站点发布后,图像在浏览器浏览时就不能正确显示。

（3）插入 Flash 动画

在网页中除了使用文本和图像对象来表达信息外，用户还可以插入 Flash 动画等多媒体信息，以丰富网页的内容，增加页面的动感，以此来吸引网页浏览者。

① 插入方法：首先将插入点定位于相应的位置，然后选择"插入"→"媒体"→"SWF"命令，或者选择"插入"工具栏"常用"面板中的"媒体"展开列表中的"SWF"选项，弹出"选择文件"对话框，在此对话框中选择相应的 SWF 文件，单击"确定"按钮，此时，Flash占位符出现在页面中。如图 7-2-23 所示。

图 7-2-23　页面中的 Flash 占位符

② 属性设置：选中页面中的 Flash 对象，在"属性"面板上可以设置 Flash 对象的属性。如图 7-2-24 所示，其中单击"播放"按钮，可以设计时直接预览动画效果。

图 7-2-24　Flash 对象"属性"面板

（4）插入音频和视频

插入方法：选择"插入"→"媒体"→"插件"命令，可以将 WAV、MP3 音乐，或者AVI、WMV 等视频文件插入到网页中去，然后调整网页中该插件占据的位置和大小，如图 7-2-25 所示。在浏览器中浏览网页时，可以看到网页中出现的视频或音频对象的播放按钮。

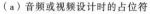

（a）音频或视频设计时的占位符　　　　（b）音频或视频浏览时的播放控制

图 7-2-25　音频或视频文件的占位符和播放控制

如果要插入网页的背景音乐，则需要将开发环境切换到"代码"视图，在<body></body>正文标签之间插入代码 "<bgsoud="音频文件的路径" loop="-1" />"，其中 loop 的值为-1 时，背景音乐可自动播放。

5. 建立超链接

网页中的超链接是指从一个网页的某个对象指向另一个目标的链接关系。利用超链接可以有效地组织网页，方便用户浏览相关信息。设置超链接的对象可以是文本，也可以是图像的整体或局部，甚至是其他对象。而超链接的目标可以是本站点内部的某个页面或文件，也可以是其他网站的 URL 地址，甚至是电子邮箱等。

（1）文本或图像链接

建立的方法：先选中需要创建超链接的文本或图像，然后选择"插入"→"超级链接"命令，或者直接利用"属性"面板中的"链接"文本框，确定链接的目标对象，或单击链接文本框右边的"浏览文件"按钮，在弹出的"选择文件"对话框中选择链接目标，如图 7-2-26 和图 7-2-27 所示。

图 7-2-26 "超级链接"对话框

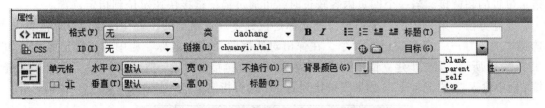

图 7-2-27 设置超级链接的"属性"面板

利用"目标"项来设定链接目标的打开窗口，如选择"_self"，则链接目标将在当前浏览器窗口中打开；如果选择"_blank"，则链接目标将在一个新的浏览器窗口中打开。

（2）图像热区链接

图像热区链接是指为图像上的局部区域建立超链接，利用热区链接可以实现同一张图像中不同部位的超链接。

建立的方法：首先选中图像，再利用图像"属性"面板上的"热点工具"（见图 7-2-28）在图像上绘制热点区域，然后设置该区域的超链接。

（3）电子邮件链接

电子邮件链接是指每当浏览者单击包含电子邮件链接的对象时，就会自动打开邮件处理工具（如微软的 Outlook），并自动将链接的电子邮箱地址设为收信人地址，方便浏览者给网站管理方发送邮件。

建立方法 1：首先选取需建立电子邮件链接的对象，然后选择"插入"→"电子邮件链接"命令，在弹出对话框的"E-Mail："框中输入 E-mail 地址，最后单击"确定"按钮，如

图 7-2-29 所示。

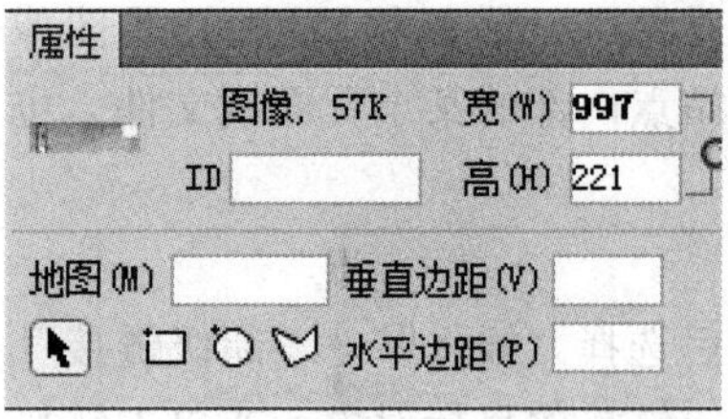

图 7-2-28　图像热点工具 　　　　　图 7-2-29　"电子邮件链接"对话框

建立方法 2：首先选取需建立电子邮件链接的对象，然后在"属性"面板的"链接"框中输入"mailto:E-mail 地址"，如图 7-2-30 所示。

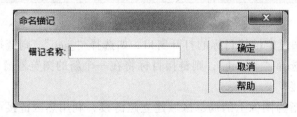

图 7-2-30　"属性"面板设置 E-mail 链接

（4）锚记链接

锚记又称书签，就是在页面中做一个标记。锚记链接是指链接到同一网页或不同网页中指定位置的超链接。当一个网页内容较长时，可通过锚记链接快速定位到指定位置。

建立方法：第一步要定义锚记，把光标定位到要放置锚记的位置（链接的目标位置），选择"插入"→"命名锚记"命令，在弹出对话框的"锚记名称"栏中输入锚记名称。如图 7-2-31 所示。第二步建立锚记链接，选取需要建立链接的对象，然后在"属性"面板的"链接"框中输入"#锚记名称"。如果是链接到另一个网页指定位置，则输入"文件名#锚记名称"。

图 7-2-31　"命名锚记"对话框

7.2.4　表单网页的制作

表单既是一个网站管理者通过网络接收用户数据的平台，又是一个与浏览者互动的平台。如会员注册、登录、网上订货单、检索页、网上市场调查等，都是通过表单来收集用户信息的。因此，表单是网站管理者与浏览者间沟通的桥梁。

1. 表单与表单属性

表单（表单域）是一个容器对象，用来存放各种表单对象，并负责将表单对象的值提交给服务器端的某个程序进行处理，所以在添加文本域、按钮等表单对象之前，要先插入表单。

① 插入表单：首先选择"插入"→"表单"选项卡（见图7-2-32），然后单击"表单"选项卡中的"表单"按钮即可，在编辑状态下，表单以红色虚线框出现在页面中。

图7-2-32 "表单"选项卡

② 表单属性：选中表单后，可在表单的"属性"面板上进行属性设置，如图7-2-33所示。

图7-2-33 表单"属性"面板

其中，"动作"是用来制定处理该表单的动态页或脚本的路径；"方法"是将表单数据发送到服务器的方法；"目标"是表单数据处理后，反馈网页的打开方式。

2. 表单对象和对象属性

插入表单后，可以在其中插入各种表单对象，如文本框、文本区域、复选框、单选按钮、下拉列表等。同一个表单中的各种表单对象应集中在该表单中。此处设计一个问卷调查表，如图7-2-34所示。

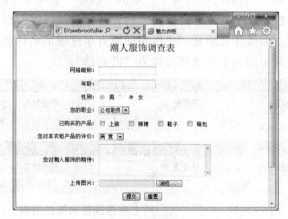

图7-2-34 问卷调查表

首先在新建的diaocha.html网页中插入一个2行1列的表格，在第一行中输入文本"潮人服饰调查表"，然后在第2行中插入表单（表单域），在表单域中插入一个9行2列的表格，接下来在该表格左侧的8个单元格中输入图7-2-34所示的文本。

（1）文本域

文本域是用来输入字符或数字的区域，文本可以是单行或多行显示，也可以是以密码域的方式显示。将光标定位于"网络昵称："右侧的单元格中，单击"表单"选项卡中的"文本字段"按钮，即可插入文本域。插入"文本域"后，可通过"属性"面板设置字符宽度和字符数量等属性，如图 7-2-35 所示。

图 7-2-35　单行文本域的属性设置

（2）文本区域

当要输入多行文本时，可使用该表单对象。将光标定位于"您对潮人服饰的期待："右侧的单元格中，单击"表单"选项卡中的"文本区域"按钮，即可插入文本区域。也可以先插入"文本域"后，可通过"属性"面板将类型改为"多行"，并设置字符宽度和行数等属性，如图 7-2-36 所示。

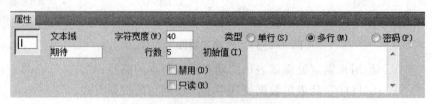

图 7-2-36　多行文本区域的属性设置

（3）单选按钮

单选按钮代表互相排斥的选择，在一组单选按钮中只能且必须选择一个单选按钮。在本例中，光标定位于"性别："右侧的单元格中，单击"表单"选项卡中的"单选按钮"按钮，即可分别插入两个单选按钮。插入"单选按钮"后，可通过"属性"面板分别设置它们的属性，如图 7-2-37 所示。但要注意的是一个组中的所有单选项的名称必须相同，否则将视为不同的组，一般需要将其中的一个单选项设置为"已勾选"。

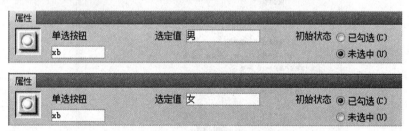

图 7-2-37　"男""女"两个单选按钮的属性面板

（4）复选框

复选框允许在一组选项中选择一个或多个选项，也可以不选。将光标定位于"已购买的产品"右侧的单元格中，单击"表单"选项卡中的"复选框"按钮，即可分别插入四个复选框。插入"复选框"后，可通过"属性"面板分别设置它们的属性，如图 7-2-38 所示。

图 7-2-38　复选框"属性"面板

（5）列表/菜单

"列表"是在一个滚动列表中显示选项，浏览者可以从中选择多个选项。"菜单"是在一个菜单中显示多个选择项，浏览者可以从中选择单个选项。将光标定位于"您的职业"右侧的单元格中，单击"表单"选项卡中的"列表/菜单"按钮，即可插入"列表/菜单"。然后通过"属性"面板选择是"列表"还是"菜单"，通过"列表值"对话框来设置若干个选项，如图 7-2-39 所示。

图 7-2-39　列表/菜单"属性"面板和"列表值"对话框

（6）文件域

文件域是用来在网页中实现上传文件的功能，在浏览时可通过"浏览"按钮选择需要上传的文件。将光标定位于"上传图片"右侧的单元格中，单击"表单"选项卡中的"文件域"按钮，即可插入"文件域"。

（7）按钮

在表单中，按钮是用来提交表单数据或重置的操作。将光标定位于表格的最后一行，单击"表单"选项卡中的"按钮"按钮，分别插入两个按钮，选中第二个按钮，利用"属性"面板将其动作更改为"重设表单"项，如图 7-2-40 所示。

图 7-2-40　按钮属性面板

（8）其他表单对象

① 图像域：使用图像作为按钮图标来提交表单。

② 跳转菜单：使用跳转菜单，可使浏览者从菜单中选择需要打开的相关网页或文件。

7.2.5　框架网页的制作

框架可以简单地理解为对浏览器窗口进行划分后的子窗口。每一个子窗口是一个框架，它显示一个独立的网页文件内容，而这组框架结构被定义在名叫框架集的 HTML 网页中。

因此，框架网页是由框架和框架集两部分组成的。框架集是定义一组框架结构的 HTML 文件；而框架是网页窗口上划分的一块区域，并且可以根据需要在各个区域显示不同的网页，从而实现在同一个页面中显示多个网页内容。

现在使用框架网页来创建"魅力衣柜"主页，如图 7-2-41 所示。

图 7-2-41　框架网页效果图

1. 新建框架网页

方法 1：选择"文件"→"新建"命令，在弹出的"新建文档"对话框（见图 7-2-42）中选择左侧的"示例中的页"，中间"示例文件夹"中选择"框架页"，右侧"示例页"中选择"上方固定，下方固定"项，最后单击"创建"按钮，即可创建图 7-2-43 所示的框架集。

方法 2：新建一个空白页面，然后选择"插入"→"HTML/框架"→"上方及下方"命令，也能创建图 7-2-43 所示的框架集。

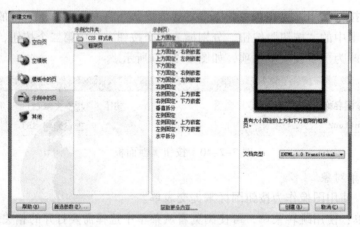

图 7-2-42　"新建文档"对话框

2. 保存框架集和框架

① 保存框架集：首先利用鼠标选择框架集的外框或分割线，然后选择"文件"→"框架集另存为"命令。

② 保存框架：将光标定位在某个框架中，然后选择"文件"→"框架另存为"命令。

③ 保存全部：如果是新建的框架网页，则会通过提示依次保存框架集和各个框架文件；如果曾经保存过，则会以原文件名全部保存一遍。

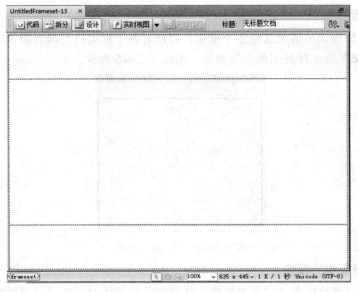

图 7-2-43　创建的框架集

3. 框架网页的设计

　　框架网页的设计一般有两种办法：一种是在各个框架中直接插入网页的相关元素，方法与普通网页的设计相同。另一种是将事先设计好的网页加载到框架中来。方法是将光标定位在某个框架中，然后选择"文件"→"在框架中打开"命令，在打开的对话框中选择已事先建立好的网页文件。

　　注意：在创建超链接时，要注意选择"目标"，如为上方框架中的"调查问卷"设置超链接，其目标可选择"mainFram"，如图 7-2-44 所示。在浏览时单击"调查问卷"超链接，链接的目标页面就会在中间框架中显示，如图 7-2-45 所示。

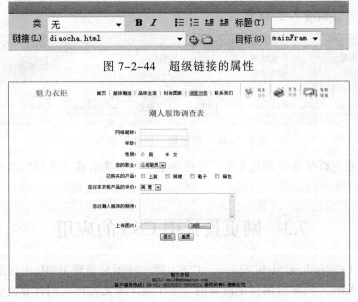

图 7-2-44　超级链接的属性

图 7-2-45　链接后的效果图

4. 框架面板

利用框架面板可以灵活地选取各个框架，以便对各个框架进行属性设置。可以通过选择"窗口"→"框架"命令打开"框架"面板，如图 7-2-46 所示。

图 7-2-46 "框架"面板

5. 框架与框架集的属性

框架的属性一部分可通过"页面属性"来设置（与普通网页的"页面属性"设置相同），另一部分则通过框架"属性"面板来设置。只要在"框架"面板中选择需要设置的框架，再利用"属性"面板进行设置，如图 7-2-47 所示。

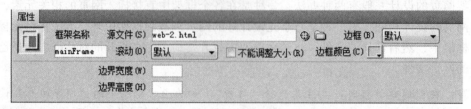

图 7-2-47 框架"属性"面板

如果需要对整个框架集设置属性，则可单击"框架"面板的框架集的边框，然后利用"属性"面板进行设置，如图 7-2-48 所示。

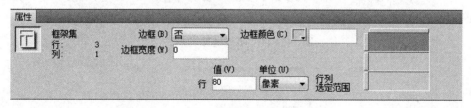

图 7-2-48 框架集"属性"面板

注意：输入整个框架集的标题文字，可选择整个框架集后在"文档"工具栏的"标题"框中输入。

7.3 网页设计中 CSS 的应用

层叠样式表（Cascading Style Sheets，CSS）是一种用来表现 HTML（标准通用标记语言的一个应用）或 XML（标准通用标记语言的一个子集）等文件样式的计算机语言，是能真正做到网页表现与内容分离的一种样式设计语言。

7.3.1 CSS 概述

相对于传统 HTML 的表现而言，CSS 能够对网页中的对象的位置排版进行像素级的精确控制，支持几乎所有的字体字号样式，拥有对网页对象和模型样式编辑的能力，并能进行初步交互设计，是目前基于文本展示最优秀的表现设计语言。

CSS 能够根据不同使用者的理解能力，简化或者优化写法，针对各类人群，有较强的易读性。

1. CSS 简介

CSS 是一组格式设置的规则，用于控制网页元素的外观布局。

使用 CSS 设置页面格式时，可以将内容与表现形式分开。网页内容（即 HTML 代码）驻留在 HTML 文件自身中，而用于定义代码表现形式的 CSS 规则驻留在另一个文件（外部样式表）或 HTML 文档的另一部分（通常为文件头部分）中。使用 CSS 可以更加灵活地控制具体的页面外观，从精确的布局定位到特定的字体和样式。

CSS 允许控制 HTML 无法独自控制的许多属性。例如，可以为选定的文本指定不同的字体大小和单位（像素、磅值等）。通过 CSS 可以用像素为单位来设置字体大小，从而可以确保在多个浏览器中以更一致的方式处理页面布局和外观。除设置文本格式外，还可以使用 CSS 控制网页中块级别元素的格式和定位。例如，可以设置块级别元素的边距和边框，其他文本周围的浮动文本等。

CSS 的主要优点是提供了便利的更新功能。设计网站时，可以创建一个 CSS 样式表文件，然后将网站中的所有网页都连接到该样式表文件，这样很容易为 Web 站点内的所有网页提供一致的外观和风格。当更新某一样式属性时，使用该样式的所有网页的格式都会自动更新为新样式，而不必逐页进行修改。

2. CSS 规则

CSS 规则主要由两个主要的部分构成：选择器、一条或多条声明，其中选择器是标识格式元素的术语（如 p、h1、类名或 id），而声明用于定义元素样式，每条声明由一个属性和一个值组成。

基本语法：selector {declaration1; declaration2; ... declarationN }

例如，将 h1 元素内的文字颜色定义为红色，同时将字体大小设置为 14 像素，如图 7-3-1 所示。

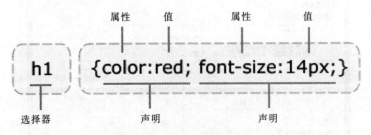

图 7-3-1　CSS 基本语法

图 7-3-1 中，h1 是选择器，color 和 font-size 是属性，red 和 14px 是值。

再比如：

```
p {
```

```
    text-align: center;
    color: black;
    font-family: arial;
}
```

　　大多数规则包含不止一个声明，因此在书写时可以每一行只描述一个属性，这样可以增强样式定义的可读性。

　　在 Dreamweaver 中，CSS 规则的选择器有四种类型：

　　① 类：一种自定义 CSS 规则，可应用于任何 HTML 元素的自定义样式，类名称必须以"."开头，可以包含字母和数字。

　　② ID：用于定义包含特定 ID 属性的标签的格式，其名称必须以"#"开头。

　　③ 标签：用于重新定义特定 HTML 标签的默认格式。

　　④ 复合内容：用于定义同时影响两个或多个标签、类或 ID 类型的复合规则。

7.3.2　CSS 应用

　　下面通过一个实例了解如何在 Dreamweaver 中定义 CSS 规则，如何应用所定义的 CSS 规则。

1．CSS 规则的定义

　　例如，将"魅力衣柜"网站的首页文件 index.html 页面顶端的导航栏文字的字体设置为宋体、大小 16、加粗、在单元格中居中。

　　① 启动 Dreamweaver，打开 webroot 站点中的 Index.html 文件，单击"属性"面板左侧的"CSS"按钮（见图 7-3-2），然后在"目标规则"列表中选择"<新建 CSS 规则>"，再单击"编辑规则"按钮，弹出图 7-3-3 所示的对话框。

图 7-3-2　单击"CSS"按钮

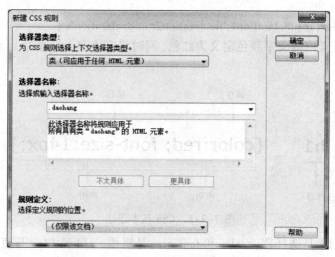

图 7-3-3　"新建 CSS 规则"对话框

② 在选择器栏中输入选择器名称".daohang"，单击"确定"按钮，弹出".daohang 的 CSS 规则定义"对话框，如图 7-3-4 所示。

说明：CSS 分类有 8 种分别是类型、背景、区块、方框、边框、列表、定位和扩展。

类型：设置字体的一些属性，包括字体、大小、粗斜、颜色、行间距等。

背景：设置背景的一些属性，包括背景图像、颜色、图像的平铺等。

区块：设置文本的一些属性，包括单词间隔、字符间隔、文本缩进、对齐等。

方框：设置对象在页面上放置方式的标签和属性，包括宽度、高度、间距等。

边框：设置对象周围边框，包括边框的样式、粗细、颜色等。

列表：设置列表标签的属性，包括列表符号、自定义图像、是否换行等。

定位：设置对象的定位方式，包括内容的堆叠顺序、内容块的位置和大小，初始显示条件等。

扩展：可以设置对象的滤镜、分页和指针类型等。

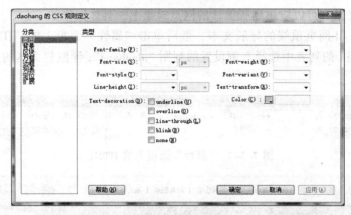

图 7-3-4　".daohang 的 CSS 规则定义"对话框

③ 在"分类"中选择"类型"，然后在右侧"Font-family"中选择"宋体"，在"Font-size"中选择 16，在"Font-weight"中选择"bold"，对话框设置如图 7-3-5 所示。

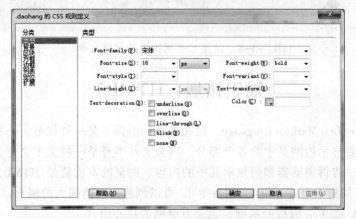

图 7-3-5　"类型"设置

④ 在"分类"中选择"区块"，然后在右侧的"Text-align"中选择"center"，对话框设置如图 7-3-6 所示，最后单击"确定"按钮。

图 7-3-6 "区块"设置

2. CSS 规则的应用

CSS 规则定义后，可以应用到所设计的网页对象上，具体操作如下：

选中 Index.html 网页顶端的导航文本，然后单击"属性"面板上的"HTML"按钮（见图 7-3-7），在"类"的列表中选择上例设置的规则".daohang"，导航栏文本的效果如图 7-3-8 所示。

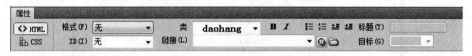

图 7-3-7 "属性"面板上的 HTML

图 7-3-8 设置 CSS 规则后的导航文本

知识拓展：HTML5

HTML（HyperText Markup Language，超文本置标语言）是一种规范，一种标准，它通过标记符号来标记要显示的网页中的各个部分。网页文件本身是一种文本文件，通过在文本文件中添加标记符，告诉浏览器如何显示其中的内容。网页的本质就是 HTML，通过结合使用其他 Web 技术（如脚本语言、CGI、组件等），可以创造出功能强大的网页。

因此，HTML 是 Web 编程的基础，也是万维网的核心语言。

HTML5 是超文本置标语言的第五次重大修改。2014 年 10 月 29 日，万维网联盟宣布，该标准规范终于制定完成。根据 W3C 的发言稿称："HTML5 是开放的 Web 网络平台的奠基石。"

1. 设计目的

HTML5 的设计目的是为了在移动设备上支持多媒体。新的语法特征被引进以支持这一点，如 video、audio 和 canvas 标记。HTML5 还引进了新的功能，可以真正改变用户与文档的交互方式

2. HTML5 特性

（1）语义特性（Class：Semantic）

HTML5 赋予网页更好的意义和结构。更加丰富的标签将随着对 RDFa、微数据与微格式等方面的支持，构建对程序、对用户都更有价值的数据驱动的 Web。

（2）本地存储特性（Class：OFFLINE & STORAGE）

基于 HTML5 开发的网页 APP 拥有更短的启动时间，更快的联网速度，这些全得益于 HTML5 APP Cache，以及本地存储功能。Indexed DB（HTML5 本地存储最重要的技术之一）和 API 说明文档。

（3）设备兼容特性（Class：DEVICE ACCESS）

从 Geolocation 功能的 API 文档公开以来，HTML5 为网页应用开发者们提供了更多功能上的优化选择，带来了更多体验功能的优势。HTML5 提供了前所未有的数据与应用接入开放接口。使外部应用可以直接与浏览器内部的数据直接相连，如视频影音可直接与 microphones 及摄像头相联。

（4）连接特性（Class：CONNECTIVITY）

更有效的连接工作效率，使得基于页面的实时聊天、更快速的网页游戏体验、更优化的在线交流得到了实现。HTML5 拥有更有效的服务器推送技术，Server-Sent Event 和 WebSockets 就是其中的两个特性，这两个特性能够帮助人们实现服务器将数据"推送"到客户端的功能。

（5）网页多媒体特性（Class：MULTIMEDIA）

支持网页端的 Audio、Video 等多媒体功能，与网站自带的 APPS、摄像头、影音功能相得益彰。

（6）三维、图形及特效特性（Class：3D，Graphics & Effects）

基于 SVG、Canvas、WebGL 及 CSS3 的 3D 功能，用户会惊叹于在浏览器中，所呈现的惊人视觉效果。

（7）性能与集成特性（Class：Performance & Integration）

没有用户会永远等待 Loading——HTML5 会通过 XMLHttpRequest2 等技术，解决以前的跨域等问题，帮助 Web 应用和网站在多样化的环境中更快速地工作。

（8）CSS3 特性（Class：CSS3）

在不牺牲性能和语义结构的前提下，CSS3 中提供了更多的风格和更强的效果。此外，较之以前的 Web 排版，Web 的开放字体格式（WOFF）也提供了更高的灵活性和控制性。

3. HTML5 现状

① 在移动设备开发 HTML5 应用只有两种方法，要不就是全使用 HTML5 的语法，要不就是仅使用 JavaScript 引擎。

② JavaScript 引擎的构建方法让制作手机网页游戏成为可能。由于界面层很复杂，已预订了一个 UI 工具包去使用。

③ 纯 HTML5 手机应用运行缓慢并错漏百出，但优化后的效果会好转。尽管不是很多人愿意去做这样的优化，但依然可以去尝试。

④ HTML5 手机应用的最大优势就是可以在网页上直接调试和修改。原生应用的开发人员可能需要花费非常大的力气才能达到 HTML5 的效果，不断地重复编码、调试和运行，这是首先得解决的一个问题。现在 HTML5 的应用已相当广泛，未来移动互联网都需要用到 HTML5 开发应用。

⑤ HTML5 的移植非常简单，但假设每个人都会让这变成一个自动化操作。

4. HTML5 的特点

① 网络标准：HTML5 本身是由 W3C 推荐出来的，它的开发是通过谷歌、苹果、诺基亚、中国移动等几百家公司一起酝酿的技术，这个技术最大的好处在于它是一个公开的技术。换句话说，每一个公开的标准都可以根据 W3C 的资料库找寻根源。另一方面，W3C 通过的 HTML5 标准也就意味着每一个浏览器或每一个平台都会去实现。

② 多设备跨平台：使用 HTML5 的优点主要在于，这个技术可以进行跨平台的使用。比如开发了一款 HTML5 的游戏，可以很轻易地移植到 UC 的开放平台、Opera 的游戏中心、Facebook 应用平台，甚至可以通过封装的技术发放到 App Store 或 Google Play 上，所以它的跨平台性非常强大，这也是大多数人对 HTML5 有兴趣的主要原因。

③ 自适应网页设计：很早就有人设想，能不能"一次设计，普遍适用"，让同一张网页自动适应不同大小的屏幕，根据屏幕宽度，自动调整布局。

④ 即时更新：游戏客户端每次都要更新，很麻烦。可是更新 HTML5 游戏就好像更新页面一样，是马上的、即时的更新。

⑤ 该标准并未能很好地被浏览器所支持：因新标签的引入，各浏览器之间将缺少一种统一的数据描述格式，造成用户体验不佳。

本 章 小 结

本章介绍了在网页设计中所涉及的一些基本概念，包括网站与网页的关系、HTML 语言的基础等，重点介绍了网页制作工具 Dreamweaver 的基本使用，包括站点的建立和管理、网页设计的基本操作、表单网页和框架网页的制作等，另外也介绍了 CSS 规则的应用。

本章的目的要求学生能了解网页设计的一些基本概念和流程，重点掌握网页制作工具 Dreamweaver 的基本使用，能利用该软件制作简单的网页，包括网页的布局、对象的插入和编辑、表单网页的制作和 CSS 规则的定义和应用。

本 章 习 题

一、单选题

1. _____是 HTML 的特点。

    A. 动态样式   B. 动态定位   C. 动态链接   D. 静态内容

2. 以下_____不属于本地 Web 网站的组成部分。

    A. 本地文件夹   B. 远程文件夹

    C. 动态页文件夹   D. 网站地图文件夹

3. Dreamweaver 的模板文件的扩展名是_____。

    A. .dwt   B. .htm   C. .html   D. .dot

4. 以下_____不属于 Dreamweaver 的文档视图模式。

    A. 设计视图   B. 框架视图   C. 代码视图   D. 实时视图

5. 在网页的 HTML 源代码中，_____标签是必不可少的。

    A. <html>   B.
         C. <p>   D. < table>

6. _____ HTML 标记是用来标识一个 HTML 文件的。

    A. <p></p>   B. <body></body>

    C. < html></html>   D. <table></table>

7. 要给网页添加背景图片应执行_____命令。

    A. "文件/属性"   B. "格式/属性"

    C. "编辑/对象"   D. "修改/页面属性"

8. 对于"网页背景"的错误叙述是_____。

    A. 网页背景的作用是在页面中为主要内容提供陪衬

    B. 背景与主要内容搭配不当将影响到整体的美观

    C. 背景图像的恰当运用不会妨碍页面的表达内容

    D. 不能使用图案作为网页背景

9. 在"页面属性"对话框中，不能设置_____。

    A. 网页的背景色   B. 网页文本的颜色

    C. 网页文件的大小   D. 网页的边界

10. 在网页设计中，CSS 一般是指_____。

    A. 层   B. 行为   C. 样式表   D. 时间线

11. 创建自定义 CSS 样式时，样式名称的前面必须加一个_____。

    A. $ B. #   C. .   D. font

12. 在 Dreamweaver 中，修改网页中所插入的水平线颜色的方法是_____。

    A. "插入" → "HTML" → "水平线"命令

    B. "修改" → "水平线"命令

    C. 快捷菜单中的"编辑标签"命令

    D. 快捷菜单中的"属性"命令

13. 要在网页中插入 Flash 动画，应执行_____命令。

    A. "插入" → "媒体"   B. "插入" → "高级"

    C. "插入" → "对象"   D. "插入" → "图片"

14. 在网页中最常用的两种图像格式是_____。

    A. JPEG 和 GIF   B. JPEG 和 PSD   C. GIF 和 BMP   D. BMP 和 PSD

15. 鼠标经过图像包括以下_____对象。

    A. 主图像和原始图像   B. 主图像、次图像和原始图像

C. 次图像和鼠标经过图像　　　　　　　　D. 主图像和次图像

16. 超链接是一种_____对应关系。

    A. 一对一　　　　　　B. 一对多　　　　　　C. 多对一　　　　　　D. 多对多

17. 实现对某一图片设置超链接以实现页面跳转的第一个操作步骤是_____。

    A. 在编辑的网页中，选定需要设置链接的图片

    B. 在"插入"菜单下选择"超链接"命令

    C. 填（或选）被链接的网页文件

    D. 确定完成插入链接

18. 在"页面属性"对话框中不可以设置文本链接的以下_____状态的颜色。

    A. 链接颜色　　　　　　　　　　　　　　B. 已访问链接

    C. 活动链接　　　　　　　　　　　　　　D. 目标链接

19. 通过与锚点建立连接可以实现_____。

    A. 网页与其他文件格式的链接　　　　　　B. 网页内部的链接

    C. 网页与其他网站的链接　　　　　　　　D. 网页与图片热点的链接

20. 在网页设计中，_____的说法是错误的。

    A. 可以给文字定义超链接

    B. 可以给图像定义超链接

    C. 只能使用默认的超链接颜色，不可更改

    D. 链接、已访问过的链接、当前访问的链接可设为不同的颜色

21. 超链接的目标显示在一个新的网页窗口需要将超链接目标属性设置为_____。

    A. _parent　　　　　B. _blank　　　　　C. _top　　　　　　D. _self

22. 通过以下_____方法不可在网页中插入表格。

    A. 在"插入"→"表格"命令

    B. 在"插入"面板的"布局"选项卡单击"表格"按钮

    C. 在"插入"面板的"常用"选项卡单击"表格"按钮

    D. 按【Ctrl+Alt+T】组合键

23. 在表格"属性"面板中，可以_____。

    A. 消除列的宽度　　　　　　　　　　　　B. 将列的宽度由像素转换为百分比

    C. 设置单元格的背景色　　　　　　　　　D. 将行的宽度由像素转换为百分比

24. 表格的宽度可以用_____单位来设置。

    A. 像素和厘米　　　　　　　　　　　　　B. 像素和百分比

    C. 厘米和英寸　　　　　　　　　　　　　D. 英寸和百分比

25. 一个单元格可以被_____。

    A. 合并　　　　　　　B. 拆分　　　　　　C. 作为运算对象　　　D. 导出

26. 在Dreamweaver中，最常用的表单处理脚本语言是_____。

    A. C语言　　　　　　B. Java　　　　　　C. ASP　　　　　　　D. JavaScript

27. 在表单中允许用户从一组选项中选择多个选项的表单对象是_____。

    A. 单选按钮　　　　　B. 列表／菜单　　　　C. 复选框　　　　　　D. 单选按钮组

28. 在表单中能够设置口令域的是_____。

    A. 只有单行文本域   B. 只有多行文本域

    C. 单行、多行文本域   D. 多行文本标识

29. 在 Dreamweaver 表单中，对于用户输入的照片，应使用的表单元素是_____。

    A. 单选按钮   B. 多行文本域   C. 图像域   D. 文件域

30. 按_____快捷键，即可打开默认主浏览器，浏览网页。

    A.【F4】   B.【F12】   C.【Ctrl+V】   D.【Alt+F12】

二、填空题

1. 超文本置标语言的简称是_____，它并不是一种编程语言，而只是一些能让浏览者看懂的标记。

2. 文本和_____是构成网页最基本的元素。

3. 表格的宽度可以用百分比和_____两种单位来设置。

4. 在 Dreamweaver 中对多个网站进行管理，要通过"_____"面板进行。

5. 样式表 CSS 选择器包括_____、ID、标签和复合四种。

6. CSS 中设置文字链接的样式主要是设置连接的四种状态，分别为链接颜色、变换图像链接、_____和活动链接。

7. 在 Dreamweaver 表格的_____中，可以插入另一个表格，这称为表格的嵌套。

8. 在 Dreamweaver 中，有多种不同的垂直对齐图像的方式，要使图像的底部与文本的基线对齐要用_____对齐方式。

9. 在 HTML 文档中插入图像其实只是写入一个图像连接的_____。

10. 利用 Dreamweaver 插入图像，可以在替代文本框中输入注释的文字，当浏览器不支持图像时，_____替换图像。

参 考 文 献

[1] 高建华. 计算机应用基础教程：2015 版[M]. 上海：华东师范大学出版社，2015.

[2] 高建华. 计算机应用基础学习指导：2015 版[M]. 上海：华东师范大学出版社，2015.

[3] 程雷. 计算机应用基础教程[M]. 大连：大连理工大学出版社，2013.

[4] 武马群. 计算机应用基础[M]. 北京：高等教育出版社，2014

[5] 李雪. 计算机应用基础[M]. 3 版. 北京：中国铁道出版社，2015.

[6] 詹朋伟，张俊杰，王志远. Photoshop CS5 图像经典创意案例[M]. 长春：东北师范大学出版社，2012.

[7] 何武超. Flash CS6 动画制作实例教程[M]. 2 版. 北京：中国铁道出版社，2014.

[8] 潘强. Dreamweaver 网页制作标准教材：CS4 版[M]. 北京：人民邮电出版社，2011.